电子科技大学出版社
·成都·

明清瓯浙建筑

木雕装饰赏析

张伟孝 吴璐璐 ＼ 著

电子科技大学出版社
University of Electronic Science and Technology of China Press
·成都·

图书在版编目（CIP）数据

明清江浙建筑木雕装饰赏析 / 张伟孝, 吴璐璐著.
-- 成都：电子科技大学出版社, 2021.2
ISBN 978-7-5647-8760-8

Ⅰ. ①明… Ⅱ. ①张… ②吴… Ⅲ. ①古建筑–木雕
–建筑装饰–赏析–华东地区–明清时代 Ⅳ. ①TU-852

中国版本图书馆CIP数据核字(2021)第028879号

明清江浙建筑木雕装饰赏析

张伟孝　吴璐璐　著

策划编辑　杜　倩　李述娜
责任编辑　李述娜

出版发行　电子科技大学出版社
　　　　　成都市一环路东一段159号电子信息产业大厦九楼　邮编　610051
主　　页　www.uestcp.com.cn
服务电话　028-83203399
邮购电话　028-83201495

印　　刷　石家庄汇展印刷有限公司
成品尺寸　210mm×285mm
印　　张　14.25
字　　数　425千字
版　　次　2021年2月第一版
印　　次　2021年2月第一次印刷
书　　号　ISBN 978-7-5647-8760-8
定　　价　89.00元

前　言

　　雕刻艺术，国之民艺，巧工之技，匠士之道。传承千年的木雕艺术，是我国民族文化与造物美学的重要组成部分，在当下国家推行文化复兴、振兴传统工艺背景下有着重要的传承价值。随着人类文明的进步、建筑的兴起，木雕作为雕刻中的一个专项也充分地展现于建筑中，牛腿琴枋、门楣裙板、窗格栏杆、飞罩挂落，雕梁画栋。有的古朴典雅，有的富丽堂皇，文人、商贾、贵族等都喜欢用木雕来修饰宅院。

　　本书以江苏、浙江两省作为研究对象。明清时期，江浙地区取代北方成为全国的文化中心，文化氛围浓厚，地理位置优越，手工业发达，这一时期颇有财力的商贾士大夫非常注重居住空间，木雕作为一种装饰形式被普遍用于建筑与家具上，财主豪门雕制"豪华厅堂""千工床"等盛极一时。目前，江浙地区保留的明清建筑非常之多，木雕装饰的等级与程度也不太相同，浙江中部、西部因东阳木雕与"东阳帮"建筑、"龙游商帮"等帮派的兴起，大兴土木，寻遍建筑与雕花名师把作，建筑规格豪华，木雕装饰精细。例如，东阳卢宅以高超的营造技艺规避礼制被称为民间的故宫，义乌黄山八面厅更是清代东阳木雕的巅峰之作，浙西地区开化霞山汪氏宗祠雕刻艺术更是鬼斧神工，具有很高的研究价值。浙江东部以金漆木雕为主，把室内装饰的富丽堂皇，如宁波秦氏支祠、上虞曹娥庙等。浙江地区按地域分布，木雕精致的建筑主要集中在浙中、浙西地区，浙江南部木雕饰雕精致的很少。江苏地区建筑木雕作品以苏州为中心，苏州自古是鱼米之乡，江南富庶之地，雕花大楼便是大气繁华的体现，苏州现存有三座雕花大楼，即东山雕花楼、西山雕花楼、山塘雕花楼，每一座建筑都是木雕中的精品，都是一座木雕艺术的博物苑。苏州园林将巧夺天工的建筑造型与精美雅致的雕刻工艺完美结合，成为古代园林建筑的典范。江苏北部建筑木雕精致的不多，数凭借滚滚江水经营客货运输发了大财的商人，在泰州口岸镇中创建的雕花楼最为精致。上海因外来文化的影响、城市化进程的加快，明清建筑逐渐消失，现在所留的建筑木雕作品相对较少。

　　现存的传统建筑是研究中国历史、文化的"活着"的文物，木雕装饰作为一种独特的艺术成就、一种创造性的天才杰作，无声地传承着江浙先民的历史文化，不断唤醒人们对历史的记忆。江浙地区有东阳木雕、黄杨木雕、宁波朱金木雕、苏州木雕四大比较有名的木雕流派，其中东阳木雕、黄杨木雕更是位中国四大木雕之列。而东阳木雕、宁波朱金木雕、苏州木雕都与建筑、家具的结合共生发展。现在所遗留的木雕作品基本上都是借助建筑而保存下来的，因而成为木雕艺术中的精华部分，是中国木结构古建筑的灵魂，同时，木雕装饰纹样具有浓郁的人文意蕴，有图必有意，有意必吉祥。例如，道教用八卦图，佛教用菩提花、宝相花、儒家用梅兰竹菊，等等。无论是道教、佛教还是儒家，在表达思想中的寓意都是积极向上的，佛教多数用法器，弘扬的是佛家思想；道家用道器，以长生脱俗为标志；儒家以孔子思想为代表，宣扬"德、义、仁、忠、孝"。文人雅士用精美的语言、汉字写出脍炙人口的文章、诗句。木雕匠师们利用汉字的谐音雕刻出寓意深刻的纹饰。

本书是 2016 年度教育部人文社会科学规划基金项目《明清江浙地区木雕装饰纹样研究》（项目批准号：16YJA760050）的阶段性成果，以明清江浙地区所遗存的建筑来筛选木雕装饰精致的作品。本书通过资料整理与查阅、实地勘测等方法对现存江浙地区的明清建筑木雕装饰的现状进行调查。本书共分为五章，第一章对明清江浙建筑的发展、主要流派进行了分析；第二章着重介绍了木雕装饰特色与木雕装饰美学；第三章遴选江苏省内的 18 个典型的建筑木雕进行了分析；第四章遴选浙江省境内的 39 个具有代表性的建筑木雕进行了分析；第五章选择上海境内的 5 个建筑木雕进行了分析。赏析部分一共列举了 62 个典型建筑或村落，三个地区建筑木雕的分布也有所不同，浙江省内最多，明清时期遗存建筑木雕较好就达 60 多处，经反复筛选，选择 39 处进行分析。苏州地区除具有本地特色的雕花楼之外，大部分建筑木雕都与园林结合，于是选择了非常具有代表性的拙政园作为实例。从特点来看，浙江中部的建筑木雕以豪放见长，苏州建筑木雕以秀丽为特。本书采用文字与图片相结合的叙述方法，通俗易懂，书中图片除苏州山塘雕花楼之外都是作者第一手拍摄资料。

《明清江浙建筑木雕装饰赏析》一书，虽是以明清为时代界定，但民国建筑很多都是清末风格的延续与创新，书中也穿插了民国时期的部分经典建筑，使读者更有连续感和亲切感。科普性强，涉及的建筑比较多，把建筑木雕进行串联，也是本书的一大特点。希望本书的出版，能为那条木雕文化的传承与发展提供一些帮助。由于编写时间仓促及水平有限，不足之处恳请各位专家、读者指正。

编者

2021 年 3 月

目 录

第四章　明清浙江建筑木雕装饰赏析

第一章

明清江浙建筑发展历程概况

明清时期，官式建筑已完全定型化、标准化，清朝政府颁布了《工部工程做法则例》，另有《营造法式》《园冶》等。随着制砖技术不断提高，出现了砖建的"无梁殿"大式建筑，其突出了梁、柱、檩的直接结合，加大了承载面，减少了斗拱这个中间层次的作用，简化结构，节省材料，达到了以更少的材料取得更大建筑空间的效果。

基于地方文化的差异，建筑的发展呈现区域化、特色化，如在江浙地区，士商住宅、园林建筑等方面的成就较高，如扬州盐商住宅，比较有名的有个园、何园、汪氏小苑、卢氏盐商住宅等；苏州、杭州的私家园林与士商宅第、龙游的商帮建筑等，尤其私家园林，在苏州、扬州、无锡、杭州、松江、嘉兴一带极为盛行。这一些行业的繁荣促进了建筑的发展，在明清时期到达了中国传统建筑最后一个高峰，呈现出形体简练、细节烦琐的形象。梁坊比例沉重，屋顶线条严谨，建筑形式精炼化，符号性增强，三雕艺术成为这一时期的主要装饰形式，厚重的建筑部件为木雕艺术的发展提供了有利条件。

第一节　明清江浙建筑发展历程

明清江浙建筑以苏杭为主，苏州为江南经济文化的中心，生活富裕，物产丰富，一直是富商、官僚聚集之处，住宅规模较大，住宅外围环绕以高大的垣墙。南方房舍净高较大，多楼房，此外由于防火的需要，须用高墙隔断。建筑纵深若干进，每进有天井或庭院，但很浅，厢房也浅或无，各进房间一般为三间。大的住宅可以有平行的二、三条轴线；从大门起，轴线上排列：大门、轿厅、客厅、正房（属内院，另设门分割，有时为楼）；两侧轴线排列花厅、书房、卧室乃至花园、戏台之类。例如，建于明万历年间的杭州吴宅、清中期的苏州顾宅等❶。

一、明代江浙建筑

明代是我国古代建筑发展的又一高峰时期。明王朝建立后，在建筑上废弃了以中原和北方传统建筑为基础的元官式，并以南宋以来汉族在江南形成的传统建筑为主体，逐渐形成了明官式❷。南京作为明朝初期的首都，自洪武元年（1368年）至永乐十八年（1420年），历时52年，当时，主要请苏州工匠修建南京都城。因此，明初南京建筑官式是在南宋以来江浙地方传统建筑范式基础上，加以规范化、典雅化而形成的。永乐十八年（1420年），迁都北京，仍以南方工匠为主，基本按照南京宫殿形制修建北京宫殿。由此，明初的南京建筑官式，北传并逐渐发展为北京的明官式。随着地方经济的恢复和发展，地方城市和大型集镇也相继繁荣和发展，地方建筑特色日益凸显，并形成地方建筑流派。江南地区的江浙皖与其他地区一样，形成了自己独树一帜的建筑特色❸。其保留至今的典型明代建筑群包括浙江东阳卢宅（图1-1）、苏州春晖堂杨宅、绍兴吕府十八厅等。

---

❶ 李少林 . 中国建筑史 [M]. 呼和浩特：内蒙古人民出版社,2006：175.

❷ 傅熹年 . 中国科学技术史建筑卷 [M]. 北京：科学出版社,2008：570.

❸ 同上 .

明代的木构架技术进一步简化，形成了明官式。其设计模数由唐宋以来的材分而改变为斗口❶，分模数减少，其网柱的整体性、稳定性增强，梁架体系代替了斗拱承担挑檐的作用。斗拱失去了保持构架整体性和挑檐的作用，变为可有可无的装饰层和建筑等级的象征，这在建筑技术上是一个巨大的进步。❷明官式的梁柱构架中，在各柱头横向间遍加顺栿串（明清时易名为随梁枋，在内柱之间的称跨空枋），与各柱头纵向间的阑额相结合，在整个柱网的柱头间形成了纵横双向的井字格，使竹网本身形成稳定结构。❸这种加顺栿串的做法始见于北宋初浙江宁波报国寺，为厅堂构架，属当时地方传统建造工艺。入明以后，目前所见用随梁枋的实例，是建造于明洪武五年（1372 年）的扬州西方寺大殿。此大殿面阔三间 16.65 米，进深 17.7 米，下有简单的石台座，上为重檐歇山顶，所有构架多为楠木制成。柱顶做卷杀，成覆盆形式。所有梁架全部露明造，正中缝做抬梁形式，为月梁形制。山面为穿斗式。大殿内彩绘系五彩遍装，不用藻井，主要部分梁、檩、枋的彩绘保留了宋代风格，次要部分花纹与底色多用青绿色及黄白色相互衬托，色彩不复杂，构图鲜明，多用连枝图案，花纹轮廓简单，为明代早期彩绘之风格。柱子、斗栱原来都有彩绘，现仅存小片彩绘和一些痕迹。彩绘增加了殿内庄严和辉煌的气氛。

明官式中的殿堂构架，还简化了明栿和草栿上下重叠的做法。《营造法式》中规定，殿堂型构架由柱网、铺作层、屋顶草架三层叠加而成。其铺作层由斗拱、柱头枋和明栿月梁组成，功能是保持构架的横向稳定，斗拱和明栿月梁又分别承托挑檐檩和室内天花的作用。到明初，随梁枋和额枋的结合使用，增强了柱网本身的稳定，殿堂型构架的铺作层失去原有的作用，遂把斗拱缩小，变为装饰垫层，同时把明栿和草栿两个层次合为一体 ❹。

明清江浙地区深受南宋文化浸染，成为保存宋元南方传统建筑较为集中的区域。这一地区现存的明代寺观、民居等建筑，其构架主要以梁柱式为主。有些厅堂内部加顶棚，下部用粗大的明栿月梁，以增加装饰效果，顶棚上改用细巧的梁柱，例如，苏州文庙、常熟翁氏彩衣堂（图 1-2）、高邮盂城驿后堂（图 1-3）、江阴徐霞客故居等。浙东地区的宁波天童寺、阿育王寺，温州的江心寺等，基本保持宋明以来彻上明造 ❺，运用月梁、蜀柱等的特点。有的甚至保存了宋代范式，把阑额也做成月梁式 ❻。

明代江浙地区的民间住宅，大都采用柱梁式与穿斗式相结合的构架。其主要厅堂明间的梁架为柱梁式，其他次间及山面则为穿斗式。也有的只是把穿斗式构架的穿枋加粗做成月梁，以模仿柱梁式构架，其檩仍由内柱瓜柱直接承托。例如，浙江明代大型住宅东阳卢宅，其主体建筑肃雍堂中建造于明中叶的一组梁架（图 1-4），规格近于官衙，故构架为柱梁式，其梁作月梁，栌斗作讹角斗，尚有宋元旧制遗意。但其他内宅，除正厅寿乐堂、正堂世雍堂外，均为直接承檩的穿斗式。

---

❶ 注：建筑模数是选定的标准尺度单位，作为建筑物、建筑构配件、建筑制品以及有关设备尺寸相互间协调的基础。宋代李诫在《营造法式》中总结出了"材分模数制"，有"材份制""斗口制"等。他指出："凡构屋之制，皆以材为祖，材有八等，度屋之大小，因而用之。"并列出了八个等级的"材"之尺寸及使用范围。

❷ 傅熹年. 中国科学技术史建筑卷 [M]. 北京：科学出版社 2008：668.

❸ 傅熹年. 中国科学技术史建筑卷 [M]. 北京：科学出版社 2008：669.

❹ 同上.

❺ 注：彻上明造，也称彻上露明造，是指屋顶梁架结构完全暴露，使人在室内抬头即能清楚地看见屋顶的梁架结构的建筑物室内顶部做法。

❻ 傅熹年. 中国科学技术史：建筑卷 [M]. 北京：科学出版社 2008：677-680.

图 1-1　卢宅古建筑群

图 1-2　常熟翁氏彩衣堂

图 1-3　高邮盂城驿后堂

图 1-4　肃雍堂梁架

二、清代江浙建筑

　　清代自康熙以后，城乡经济都有较大发展，在居住条件方面也有了较大提高。各地民居既显现出明显的地区风格，又在一定程度上相互影响。清代江浙民居与北京、泉州等地一样，由于湿热多雨，其房屋间往往以连廊衔接❶。它们延续了明代以来的传统，入清后，向更为精巧秀雅、融园林为一体的方向发展。浙江地区的民居则比苏州稍显高大开阔。清代苏州私家园林、宁波大石门、绍兴台门、婺州"十三间头"等独具特色的民间居住院落范式（图 1-5）❷，日益成熟和完善。

　　苏州素有"园林之城"之称，享有"江南园林甲天下，苏州园林甲江南"之美誉，誉为"咫尺之内再造乾坤"。苏州古典园林始于春秋时期吴国建都姑苏时，形成于五代，成熟于宋代，鼎盛于明清。到清末，苏州已有各色园林 170 多处，现保存完整的有 60 多处。苏州的私家园林是住宅的延伸，园林中的游赏功能也是基于最本质的居住功能而向多样化发展，"园"与"宅"无论是功能关系还是空间形式组织都密不可分。另外，苏州的多进式民居形式，交互形成多种庭院空间，有些园林就是以庭院空间为中心，灵活展开而形成的。❸明代中期的苏州府，面临着错综复杂的政治局势，社会的安定系数低，园林遂成为士人隐逸都市的心灵归所，如太仓的张溥宅第、如皋的水绘园。苏州士人一直致力于摆脱束缚、渴求真知、崇尚自然。园林艺术也因此迅速发展。此时期的苏州私家园林，蕴含着归隐遁世的思想，体现了皈依自然的主题，且内容精炼、意境含蓄，表现出在心灵压抑状态之下所迸发出的创造精神和对自由的憧憬情怀。园林建筑布

❶ 傅熹年.中国科学技术史：建筑卷 [M].北京：科学出版社,2008：743.
❷ 王仲奋.浙江东阳民居 [M].天津：天津大学出版社,2008：79-82.
❸ 高洁.明代中晚期苏州私家园林建筑布局研究 [D].武汉：华中农业大学,2011.

局相对于明中期以前的单一、孤立、固定、缺乏灵动，向顺应自然、自由变换转变，建筑空间逐渐走向复合化、艺术化、自然化（图1-6）。

晚清的扬州，由于学术、教育、绘画、曲艺、手工匠艺的全面昌盛，儒商私家园林集群逐渐发展并日趋成熟，形成独特风格，在中国造园史上留下最后的篇章。其理法特征主要有整体布局具小型集锦园的特点，船厅、读书楼、戏台、觅句廊等多重场景并置并体现出天人感应、四季轮回的时空观念；擅用曲折的路径、花窗地穴等创造多样的视线关系以借景拓展空间，叠山脱离了峰石欣赏而发展出独特的中空外奇的扬派叠石技艺，追求山居意境，以拳山勺水写仿真山气势。受古代形成的运河视角审美影响，园中运用山石与建筑结合、长楼复廊及"裹脚之法"等构建技巧构成复杂穿越的园林空间。晚清扬州私家园林就是清代江南造园的优秀典型。❶清代扬州园林一般分为"封闭式园林"及"开放式园林"，前者是指城市宅园与市郊园墅，而后者主要指的是湖上园林。"扬州的私家园林，无论数量之多，抑或构筑之精，皆非其他园林可以望其项背者。城内以马氏街南书屋为盛，城外以李志勋所构高咏楼所在的蜀岗朝旭为最。"❷

绍兴传统民居的建筑格局以台门为正统（图1-7）。绍兴籍著名古建筑、园林专家陈从周先生曾云："绍兴旧时民间称大住宅之厅事曰明堂（天井），称大住宅之头门为台门。所谓台门，原系两边起土为台，台上架屋，故曰台门。"绍兴古城现存的台门中，最早的是明代建筑，以吕府为代表，但数量很少，大多为清代建筑。台门是指平台规整，纵向展开的院落式组合住宅，一般坐北朝南，按建筑空间布局划分，中轴线从前往后依次为台门斗、天井、堂屋、侧厢、座楼、园地，组成一个独立的宅院。❸台门的面宽和进深则依据住户的身份、财力、家庭人口而定，面宽有三开间、五开间、七开间不等，进深有二进、三进、五进、七进之别。大的府第，多以门面的"间"数与深院的"进"数为气派的标志。台门斗是宅舍的大门，由一个较小的空间组成。台门临街通常设两道门，外门或是黑漆石库门或是木门，上钉上竹钉，称为竹丝台门。进门不到三步，又有一道门，中间两扇，左右各一扇门。台门建筑里的天井，又称"明堂"，地板大多采用石板砌筑，称为"一马平川"。台门内厅后有退堂，实际上是通往后宅的过道。厅两旁的侧厢则是附房。有些台门建筑，楼与楼之间由走马楼回廊贯通，落地雕花长窗，挂落栏杆，檐廊相接，典雅明敞。有些台门建筑，除了主体建筑恢宏气派外，还置有精美园林，内中亭台楼阁、廊枋桥榭、厅堂房轩，一应俱全，并以水池为中心，围合建筑，格局紧凑自然，结合造园，植物配置，点缀四时景色，给人以清澈、幽静、明朗之感。

清代浙中地区的大中型民居大都以三合院为基本单元。❹但它与北方的三合院不同。北方三合院的正房与院同宽，东西厢在正房前两侧的凹形平面。浙中的三合院则是厢房与院同深，宽5间，而正房夹在东西厢房之间，一般宽3间，平面呈近横置的"工"字形。正房、厢房檐下都有廊，可以互相连通。一般每院共有13间屋，故称"十三间头"。这样的三合院也可以组合成多进院落，形成"二十五间头"，甚至"二十九间头"。而其东西厢房的廊可以纵向贯通前后院，除交通方便外，还有通风作用。

浙江东阳千祥镇隔塘村有一个"二十五间头"的实例。它有一个完整的"十三间头"三合院坐中，两侧各增加一个6间屋的小天井的院落，共有屋25间。浙江东阳南马镇船埠头村则保存有一个"二十九间头"实例。其中间为一个完整的"十三间头"三合院，左右两侧再加一个"十三间头"减去以厢的三合院，共有屋29间。其特点是两侧虽为跨院，但其明堂仍与中路的一样宽大正方，有利于"洞头屋"的采光、通风与换气。❺

❶ 谢明洋.晚清扬州私家园林造园理法研究[D].北京林业大学,2015.

❷ 朱江.扬州园林品赏录[M].上海：上海文化出版社,2002.

❸ 林挺.乌瓦粉墙忆江南 绍兴台门建筑[J].室内设计与装修,2012(6)：122-125.

❹ 傅熹年.中国科学技术史：建筑卷[M].北京：科学出版社,2008：750.

❺ 王仲奋.婺州民居营建技术[M].北京：中国建筑工业出版社,2014：39-40.

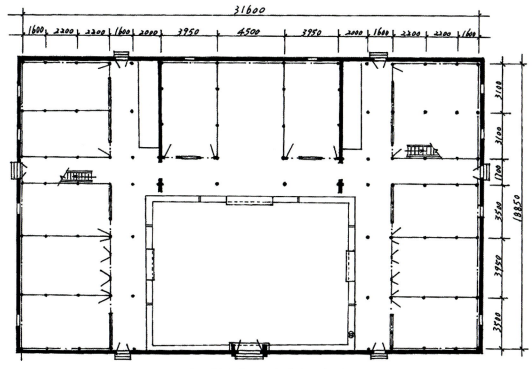

图1-5　东阳民居典型三合院（13间头）平面图

图1-6　拙政园内一角

图1-7　绍兴王化台门

第二节　明清江浙建筑主要帮派

　　明清时期江浙地区经济富裕，豪门商贾特别注重建筑门面，为这一时期建筑的发展提供了条件，同时建筑超出了原有的功能，成了主人地位的重要标志。各地工匠们也根据其活动范围，形成了不同的技术帮派。其中，最负盛名的就是苏州地区的"香山帮"，活动范围覆盖了整个江南地区，甚至对北方的官式建筑也产生了一定的影响，浙江中部和东部则以婺州的"东阳帮"为首，浙东地区以"宁波帮"为主，各地建筑帮派不仅构造特征、建筑风格各有特色，营造技术也是各有千秋。

一、明清"东阳帮"建筑

　　王正明认为，所谓"东阳帮"，是宋元以来，逐渐形成以建筑、木雕、竹编、木作泥匠等为主业的东阳百工走南闯北队伍的通称。❶就建筑业而言，"东阳帮"涵盖了木匠、瓦匠、石匠、雕花匠、油漆匠、篾匠、锡匠、桶匠、棕匠、裁缝等营造和制作家具、用具所需的各行工匠，在东自新昌、嵊县（现嵊州市）、绍兴，西至婺源、屯溪、徽州，南自丽水、衢州，北至杭、嘉、湖、沪境内共 10 万多平方公里的广大地域里，留下了无数令人称道的民居建筑和生活器具，创建了庞大的"东阳民居建筑体系"，向世人展示了百工之乡的精湛技术和悠久历史。

王仲奋认为，"东阳帮"是一个以建筑业为主的工匠行帮，实际上包括了木匠、瓦匠、石匠、雕花匠、油漆匠、篾匠、锡匠、桶匠、棕匠、裁缝等营造和制作家具、用具所需的各行工匠。"东阳帮"遍布东阳每一村落，有的全村都是木匠，有的全村都是石匠，是东阳亦农亦工工匠的代称、总称。它形成于宋室南迁，官府在京都临安（今杭州）进行大规模建设时期，当时与"香山帮"、宁波帮三足鼎立。❷"东阳帮"独创了"以粉墙黛瓦马头墙、平脊二坡顶二层楼房为主形，以木构件为骨架，集木雕（风格独具的东阳清水白木雕）、砖雕、石雕、灰塑、墨画和园林艺术于一体"的江南民居建筑体系。❸宋室南迁，建设临安京城，需要从各地征招大批建筑工匠。当时，应招人数大多是来自东阳、宁波、江苏南部地区的工匠。

"东阳帮"除参与宋、元、明、清各朝的宫廷建设外，主要活动范围由周边各县发展至浙西和江西婺源、徽州屯溪一带，木雕匠师进入上海及海外发展。据史料记载，清代乾嘉时期应召参加北京宫廷修缮的"东阳帮"木匠、雕花匠就有 400 多人。鸦片战争前（1832 年），东阳木雕艺人达 2 200 多人。在东阳本地的约 500 人，在上海、杭州、香港的约 600 人，在嵊县的约 100 人，其余约 1 000 人遍布于浙西、徽州地区。据 1928 年统计，东阳外出人口达 82 473 人，占当时全县总人口的 17.78%。其中"东阳帮"建筑队伍约 50 000 人。拥有木、瓦工匠近千人的"杭州楼发记营造厂"就是东阳夏楼人楼发桂所营。1896 年，英国人梅方伯在杭州开设的"仁艺厂"，其工人都是从东阳农村招收的。20 世纪 20 年代初，上海滩开设的"仁昌木器古骨店""双鸿泰雕刻木器店""王盛记""叶康记""徐海记""原利"等雕刻木器厂的老板和师傅基本都是东阳人。

关于"东阳帮"参与明、清两朝宫廷建设，据《东阳托塘张氏宗谱》记载，考证明了代东阳人张安畿"主持建造明北京故宫三大殿"的史实。据该谱载，张安畿，字廷止，号一斋，生于明正德乙亥（1515 年）五月二十六日，官至府军中卫右所千户。谱载，张安畿"字法义献，为成国公镇远侯所知，委督建三殿。大工既成，赐以卫秩冠服，详见诗文。"

《康熙新修东阳县志》卷一三载：东阳人陈显道（原名李应荣，字如晦，吴宁新安街人，为大使陈清的外甥，改姓李）。元至正十八年（1358 年），朱元璋攻克婺州，陈显道上济世安民之略，朱元璋看后大悦，遂提拔其"留辕门参决机务"。元至正二十六年（1366 年），朱元璋定鼎金陵，擢陈显道为将作监少监，督治营造。据说他去世后，朱元璋十分悲痛，命官府造墓并护丧归葬，极尽哀荣。❹将作监为专门掌管宫室建筑的部门，相当于现代的建设部。少监为监或正监的副手。

《康熙新修东阳县志》卷一八载有明代东阳巍山人赵贤意定的《奉敕陈言封事》。其中，有"二月二十八日，臣伏读皇上手敕，以臣前监视诸工作，尽心为国可嘉，复令接管山陵、桥梁等处工程"。"山陵之事，关系重大，或修或建，务令完坚可久"。"臣谨按诸陵，自三十二年（1604 年）九月兴工，约共工程六处：在长陵有五空桥、七空桥，又有大博岸；在红门有东水关，有三空桥；而康陵五空桥则鼎新创建者也。"❺可见赵贤意曾督造明代北京陵寝工程，功绩显著。

明初定都南京，主要用江浙工匠修建宫殿。永乐帝修建北京宫殿，亦以江浙工匠为主，且基本按照南

❶ 东阳市政协文史资料委员会.东阳帮与东阳民居建筑体系 [M].杭州：西泠印社出版社,2007：17-18.
❷ 东阳市政协文史资料委员会.东阳帮与东阳民居建筑体系 [M].杭州：西泠印社出版社,2007：20.
❸ 东阳市政协文史资料委员会.东阳帮与东阳民居建筑体系 [M].杭州：西泠印社出版社,2007：22.
❹ 赵衍.东阳市人民政府地方志办公室.康熙新修东阳县志 [M].杭州：西泠印社出版社, 2018：373.
❺ 赵衍.东阳市人民政府地方志办公室.康熙新修东阳县志 [M].杭州：西泠印社出版社,2018：478-479.

京宫殿形制。由此,明初的南京官式遂北传,并逐渐发展为明北京官式。"这是继隋唐初期、北宋初期以后较先进的南方建筑第三次北传,又一次形成一代新风,是古代南北交融促进建筑技术发展的大事。"❶在明朝这两次大规模的皇宫修建中,东阳人发挥了重要作用。

据《道光东阳县志》《康熙新修东阳县志》及有关宗谱记载,在唐朝、宋朝、明朝时期,东阳人在工部任过官职的共有23人,其中唐朝4人,宋朝6人,明朝13人;任(赠)工部尚书的4人,工部侍郎6人,将作大监、将作少监各1人。另外,有2人或任东阳知县或与东阳有渊源,后任工部尚书。由此可见,宋明时期,"东阳帮"进京修建或修缮皇宫,不是一件困难的事。也因此可以证明,东阳人在我国古代建筑技术的发展过程中所起到的重要作用。

"东阳帮"的形成和发展,促进了东阳建筑技艺的发展,形成了独具特色的东阳民居建筑体系。东阳民居建筑成熟于唐宋,精饰于明清。建造于唐太和年间(827—835)的东阳冯家楼,"高楼画槛照耀入目,其下步廊几半里。"这说明东阳建筑在唐代已具雏形,并具一定规模和风格。南宋绍兴二十六年(1156年)兴建的辉映楼、元朝(1271—1368)所建的蔡宅小祠堂,将东阳木雕艺术应用于建筑装饰后,独树一帜的东阳建筑体系(流派)基本形成。至明清,随着"三雕"技艺,特别是木雕艺术的不断提高,迎来了东阳民居建筑大发展和最辉煌灿烂的时期❷。东阳周边各县至整个浙西及近邻江西婺源、皖南徽州等地区的古村落建筑,都是东阳师傅或落户于当地的后代及徒弟,按东阳民居建筑的规制模式和手法建造的。由此,所谓"徽派建筑",也应该属于东阳民居建筑体系。❸史料有明确记载,浙江境内由东阳工匠建造的现存代表作有嵊县长乐镇的钱氏大新屋,慈溪上虞的曹娥庙,绍兴的舜王庙,新昌的沃洲庙,义乌的功臣第、种德堂、石头花厅,诸暨的边氏宗祠,浦江的九世同堂,兰溪的钟瑞堂、诸葛村,武义的新屋里、履坦花厅,杭州的胡庆余堂,等等❹(图1-8)。

东阳民居建筑主要以"粉墙黛瓦'马头墙',镂空'牛腿'浮雕廊,阴刻雀替'龙须梁',山水人物雕满堂"这样一种形、神、气兼具的形制为特色。❺其中,以三雕艺术为主的建筑装饰最为特色。尤其是木雕艺术,有"东阳木雕甲天下"之美称,早在唐代就已应用于佛像雕刻和建筑装饰。东阳民居的廊檐部雕饰更有特色,所用技法有圆雕、镂空雕、深浮雕、浅浮雕;所取题材有山水人物、花卉鱼虫、飞禽走兽;内容有吉祥动物如狮、鹿、象、猴、鲤鱼、蝙蝠、喜鹊、仙鹤,寄情花木如松、竹、梅、牡丹、石榴、灵芝、荷莲,山水人物如"八仙过海""天官赐福"等历史神话故事、戏剧传志人物、渔樵耕读、西湖及本地风景。大到亭台楼阁、桥梁城郭,小到稻花露珠、秋虫触角,无不活灵活现,栩栩如生。❻

东阳民居建筑的装修原则是"明精暗简"。对外露部位的装修十分精致,百工牛腿、百工窗非常普遍;而室内的隔断却非常简朴。大厅是公共场所,多不安装门面与隔断,三间自然间连成大敞厅,加之它是采用彻上露明造,所以形成了特别高大宽敞的空间,一般可摆20多桌的宴席。堂屋亦是公共场所,多数不安装门面,有的做成楼上厅,其走马廊、藻井的雕饰都很精细;也有平时安装6扇可拆卸的隔扇门,当婚丧大事、寿庆典礼需要时临时撤去。厢房的小堂屋多安装4扇或6扇隔扇门,也有仅在中部安装双扇隔扇门、两边各安装隔扇窗的。其他住房均在中部安装4扇隔扇窗,两旁各安装一扇板门,可以随意开启,十分方便。❼

❶ 傅熹年.中国科学技术史建筑卷[M].北京:科学出版社,2008:570.
❷ 东阳市政协文史资料委员会.东阳帮与东阳民居建筑体系[M].杭州:西泠印社出版社,2007:5.
❸ 东阳市政协文史资料委员会.东阳帮与东阳民居建筑体系[M].杭州:西泠印社出版社,2007:15.
❹ 东阳市政协文史资料委员会.东阳帮与东阳民居建筑体系[M].杭州:西泠印社出版社,2007:11.
❺ 东阳市政协文史资料委员会.东阳帮与东阳民居建筑体系[M].杭州:西泠印社出版社,2007:46.
❻ 东阳市政协文史资料委员会.东阳帮与东阳民居建筑体系[M].杭州:西泠印社出版社,2007:46.
❼ 东阳市政协文史资料委员会.东阳帮与东阳民居建筑体系[M].杭州:西泠印社出版社,2007:45-46.

二、明清"香山帮"建筑

"香山帮"是对起源于太湖之滨香山地区一帮民间营造匠人的统称，或以"吴地匠人""吴工"名之。"香山帮"这一称谓最早见于苏州梓义公所刻于道光三十年（1850年）的"水木匠业兴修公所办理善举碑"的碑文："水木匠业，'香山帮'为最……"❶"香山帮"滥觞于吴越文化时期，成熟于明初，辉煌于清代。"既有一位领袖性的人物，又有一册成文指导性营造典籍"，是"香山帮"明显区别于其他民间匠帮组织的主要特色。其领袖人物，即由匠人而官至"工部侍郎"的蒯祥；一册指导性营造典籍，即由匠师姚承祖撰写的"中国苏派建筑宝典"——《营造法原》。它打破了传统建筑业仅依赖口授实习传衣钵的惯例。"香山帮"营造技术精湛，工种齐备，以大木作5工匠领衔，涵盖了大木营构（建筑类型包括民居宅第、寺观、会馆、书院、祠堂、牌坊等）、小木装修（主要包括门窗、裙板、挂落、落地长窗等内檐装修）、园林建筑（亭、阁、楼台、旱船、水榭、廊、轩等建筑形制，以及花墙洞、花街铺地、假山等）、砖石雕刻、灰塑彩画等；从工种上分，包括了泥水匠（砖雕、砖瓦匠）、堆灰匠（堆塑）、漆匠、小木匠（木雕）、石匠（石雕）、叠山匠等古典建筑营造所需要的全部工种。营构对象涉及民居、园林、古刹名塔等多个方面。❷

"香山帮"是"苏式"建筑营造范式的创设者，其留下的经典作品是故宫和苏州园林。"最能体现"香山帮"建筑特点的当推园林建筑"❸，相对于民居建筑而言，私家园林建筑样式多变、布局自由，更能体现"香山帮"匠人的手艺与才智，被称为"地上之文章"的园林营构更是"能主之人"的思想与匠人技艺的完美结合。❹

紫禁城是明代"香山帮"工匠的辉煌杰作之一。❺紫禁城始建于明代永乐四年（1406年），永乐十八年（1420年）基本建成，而后明清历代有过多次扩建和重建，是明、清两代的皇宫，也是当今世界上现存规模最大、建筑最雄伟、保存最完整的古代宫殿和古建筑群。

洪武三十一年（1399年）闰五月朱元璋驾崩，朱允文即位。次年七月燕王朱棣起兵，四年六月攻克南京，定明年为永乐元年（1403年），这就是历史上所称的"靖难之役"。朱棣虽然占领了南京，登上了皇帝的宝座，但从当时形势乃至以后国家兴亡考虑，朱棣认为国都立在北平更有优势。要迁都北平就需要先造好宫殿，于是想起了当年建造南京紫禁城的蒯思明。但此时蒯思明已年届六十，故举荐儿子蒯福担纲。蒯福年富力强，精力充沛，木工技艺更是出类拔萃。由蒯福领衔，蒯思明坐镇，天下能工巧匠襄成，建造紫禁城可谓万无一失。就这样，刚满8岁的蒯祥跟随爷爷、父亲离开了苏州吴县（现为苏州市的吴中区和相城区）香山来到北京。❻这就是"香山帮""蒯氏三代"造北京紫禁城的传说。

朱元璋定鼎南京，开始建造南京紫禁城，当时在苏州一带享有盛誉的香山工匠蒯思明被应征参与了南京紫禁城的修建，其技艺得到了众人的一致认可。洪武十四年（1381年）和洪武十七（1384年）年时，他带领的香山工匠队伍又参加了南京灵谷寺和朝天宫的修建，一举奠定了蒯思明在建筑工匠中佼佼者的地位。永乐初年蒯氏三代进京，史称蒯福"能大营缮"，据《皇明通纪》载："祥……父福能大营缮，永乐中为木工首"，木工是营造宫殿时所谓"八大作"中最重要的一个种类，有"百艺之首"的称誉，木工首就是"首中之首"，也就是设计师和施工负责人。永乐十四年（1416年）八月，蒯福率领以"香山帮"为主的建筑大军建造北京西宫，次年四月西宫成，共建午门、奉天门、奉天殿、仁寿宫、景福宫、仁和宫、万春宫、

❶ 苏州博物馆,江苏师范学院历史系,南京大学明清史研究室.明清苏州工商业碑刻集[M].南京：江苏人民出版社出版,1981：122.

❷ 孟琳.香山帮研究[D].苏州大学,2013.

❸ 潘新新.雕花楼香山帮古建筑艺术[M].哈尔滨：哈尔滨出版社,2001：8.

❹ 孟琳.香山帮研究[D].苏州大学,2013.

❺ 孙红芬,许建华.明代香山工匠的辉煌杰作——紫禁城[J].古建园林技术,2011(4)：74-77.

❻ 同上.

永寿宫、长春宫及后殿、凉殿、暖殿等。五月，永乐帝由南京至北京，登奉天殿受百官朝贺。蒯福被任命为工部营缮司营缮所丞。年轻的蒯祥也因技艺出众被授予"营缮匠"。

永乐十八年（1420 年）十二月北京新皇宫建成。但是，新皇宫建成仅四个月，一场大火便把奉天华盖谨身三大殿烧个精光；永乐二十年（1422 年）闰十二月，又一场大火使乾清宫也化为灰烬。正统元年（1436 年）十月，英宗下达修建北京九门城楼城濠桥闸的旨意。此役共调动了近两万军士工匠，蒯祥也被抽调来兼职。正统四年（1439 年）四月，蒯祥也因表现出众调营缮所任职，同年十二月即投入重建乾清宫的工程中。正统五年（1440 年）三月举世瞩目的重建三殿两宫工程隆重开工，次年（1441 年）九月奉天华盖谨身三殿乾清坤宁两宫胜利完工。蒯祥因功升为营缮所所副，成为蒯福名副其实的助手，从此蒯祥步入了吏的行列。正统六年（1441 年），蒯福、蒯祥又联手开始了长达五年的五府六部各文武诸司的建设工程。这时蒯福已是 66 岁的老人了，蒯祥则正值当年，所以历代史学家都把这次工程称之为蒯祥设计营造。正统十二年（1447 年）闰四月，蒯祥以修城功被耀升为工部主事，蒯福正式退休。天顺八年（1464 年）正月英宗驾崩，新即位的宪宗朱见深下旨"营建大行皇帝陵寝于天寿山，荐为裕陵，救太监黄顺、吴玉、抚宁伯朱永、工部尚书白圭、侍郎蒯祥、陆祥督军匠营建"（《明·宪宗实录》卷六）。工程从二月二十九日开工，至六月二十日竣工，用时不足四个月，动用军卒工匠九万余人。此时蒯祥已是 67 岁的老人，但他仍亲自负责测量、规划和设计，并在施工现场监督营建。成化元年（1465 年）三月，宪宗下旨重建承天门。蒯祥废寝忘食，昼夜辛劳，倾平生之智慧，尽无限之妙想，终于在九月二十二日建成承天门。承天门，造型庄重，气度威严，装饰华美，色彩鲜艳，体现了中华民族的博爱精神和远大胸怀，以及东方文明的无限活力和深刻内涵。

蒯祥死后被"香山帮"奉为"祖师爷"，并有"蒯鲁班"之誉。蒯祥在营造技艺上的贡献主要有两个方面。一是充分利用建筑空间的变化，营造各异的气氛，表达不同的思想和感情。例如：在紫禁城午门前由廊庑组成一条狭长而深邃的天街，雄伟高耸的午门正当路中，物质的重量和体积使人在情感上产生压抑，形成一种帝王前的肃穆气氛，从而强化了奉天承运的天命思想。二是用浪漫主义手法施于严谨的科学工程中，以取得完美的实用效果和艺术效果。紫禁城内绝大多数外露显眼的建筑构件，都在无意间被夸大、变形并巧妙地施以色彩。这样不仅使原构件的功能得以加强，装饰后的效果也充分显现出来。例如，宫殿顶上的吻兽。拥有硕大体积的吻兽使正脊与垂脊的交接点更加牢固，而吻兽自身优美的造型和鲜艳的色彩又避免了宫殿庞大身躯所带来的呆板和单调❶。

然而，"最能体现"香山帮"建筑特点的当推园林建筑"❷，作为造园的四大要素——建筑、叠山、理水、花木，在以技术支持与艺术内涵共同造就而成的"香山帮"把作师傅手中，其无论怎样更迭演变，都能使每一个建筑的存在、每一方装饰的构成，成为精致的园林和意蕴深远的景境。哪怕是后续的增建、修补，或借景，或对景，或框景，在"香山帮"匠人严谨细致的匠作营造中，都共同呈现了一处曲径通幽，人与自然和谐共处的可居可赏的空间，成为其构园的独特、意境的唯美。❸

拙政园，是"香山帮"园林建筑之典范。它始建于明正德初年（1506 年前后），是江南古典园林的代表作品。拙政园与北京颐和园、承德避暑山庄、苏州留园一起被誉为中国四大名园。全园以水为中心，山水萦绕，厅榭精美，花木繁茂，具有浓郁的江南水乡特色。花园分为东、中、西三部分，东花园开阔疏朗，中花园是全园精华所在，西花园建筑精美，各具特色。园南为住宅区，体现了典型江南地区传统民居多进的格局。其现存建筑，大多是清咸丰九年（1860 年）时重建的，至清末形成东、中、西三个相对独立的小园。据《拙政园记》，起园有"桃花片""竹涧""芙蓉限""小沧浪""水华池""沧浪池""意远台""钓矶""小

❶ 孙红芬，许建华.明代香山帮工匠的辉煌杰作——紫禁城 [J].古建园林技术 2011(4)：74-77.
❷ 潘新新.香山帮古建筑艺术雕花楼.哈尔滨：哈尔滨出版社.2001：8.
❸ 孟琳.香山帮研究 [D].苏州大学,2013.

飞虹""志清处""玉泉"11处水景❶。

姚承祖的传世之作有现存怡园藕香榭、灵岩山寺大雄宝殿、香雪海梅花亭。其他"香山帮"代表作还有苏州开元寺无梁殿、南京夫子庙建筑群、苏州天官坊、苏州西山徐氏仁本堂、苏州东山春在楼等。

南京夫子庙位于南京市秦淮河北岸，由南京孔庙、南京文庙、文宣王庙等组成，为供奉祭祀孔子之地，是中国第一所国家最高学府，也是中国四大文庙之一。它不仅是明清时期南京的文教中心，也是居东南各省之冠的文教建筑群。夫子庙是一组规模宏大的古建筑群，主要由孔庙、学宫、贡院三大建筑群组成，包括照壁、泮池、牌坊、聚星亭、魁星阁、棂星门、大成殿、明德堂、尊经阁等建筑，占地约26 300平方米。其中，明远楼始建于明永乐年间（1403—1424），清道光年间（1821—1850）重建。平面正方形，三层木结构建筑。底层四面为墙，各开有圆拱门，四檐柱从底层直通至楼顶，梁柱交织，四面皆窗，如图1-9所示。

图1-8　杭州胡庆馀堂　　　　　　　　　　图1-9　南京夫子庙明远楼

天官坊位于苏州城区西部的学士街，明吏部尚书王鏊曾居此，吏部别称天官，王鏊回乡归隐后，其子筑园怡亲，故名怡老园。据文献记载，当时的怡老园南至干将路，北通景德路，东临学士街，西接古城墙。王鏊从此不问世事，与沈周、吴宽、杨循吉等诗朋文友结社论道，而唐伯虎是他最为出名的弟子。清初，怡老园开始衰败。康熙年间，怡老园南部改建成了江苏布政使衙署。北部天官坊一带房屋在乾隆年间被徽商陆义庵所购，更名"嘉寿堂"。其占地约12 000平方米，包括住宅、家祠、义庄和庭园等，大体可分成四路。其架构与《营造法原》之"厅堂正贴抬头轩贴式"完全相同。这座建筑从规模和正厅进深九架而言，都反映了当时高级官员宅邸的情况❷。

苏州徐氏仁本堂位于西山堂里古村河西巷，即徐家老宅，占地约3亩，建筑总面积约4 000平方米。因其古建筑雕刻数量多，而被俗称为西山雕花楼。清乾隆四十四年（1779年），徐氏后裔徐治堂、徐赞尧在康熙年间建造的祖屋地基上扩建住宅。道光元年（1821年）正厅竣工，取名"仁本堂"，分五进七落七天井，即现在的老屋。咸丰三年（1853年），徐敬之在仁本堂左侧建起了新屋，三进五落、二十底十六楼。全楼上下有各种格调的花窗花格花栏杆620余扇，完全被各种栩栩如生的木雕花饰所包围。房屋的梁柱上、门楣上、檩枋上处处为精工细作的木雕。而门楼上、照壁上、墙体上凡是有砖的地方，又布满了秀逸精美的砖雕。大到数尺长的砖雕匾额，小到盈寸的木雕花窗，或是花鸟鱼虫，或是轶事典故，无不千雕万刻、笔笔认真。在这座雕花楼里，集中了3 000多件木、砖、石雕刻作品，如此繁复的雕刻工程，竟无一雷同，雕刻手法多样，堪称一座雕花艺术殿堂。整个建筑集康熙、乾隆、道光、咸丰四个年代的建筑堂构风貌于一身，反映了江南清代建筑雕刻艺术的传承演变，是体现苏州"香山帮"匠人建筑营造智慧的代表作，也是苏州现存的三座雕花楼中保存最完整、历史最为悠久的一座。

❶ 文徵明.土氏拙政园记[M]//陈从周.园综.上海：同济大学出版社,2004.
❷ 同济大学建筑工程系建筑研究室.苏州旧住宅参考图录[M].上海：同济大学,1958：162.

春在楼，东山镇松园弄光明村，原为东山富商金锡之私宅，建于 1922 年，三年建成，花了 17 万银圆，折合黄金 3 741 两。取"向阳门第春常在"之意而得名。坐西面东，作四合院形式。面积 5 516 平方米。主楼梁桁、门窗、门楼均施精雕细刻，故俗称"雕花楼"。全楼建筑砖雕、木雕、金雕、石雕、彩绘、泥塑、铺地艺术巧夺天工，雕刻精致，精美绝伦，且"无处不雕，无处不刻"，享有"江南第一楼"之誉。春在楼将砖雕、木雕、石雕和泥塑、彩绘、花窗、铺地、壁画等不同建筑工艺巧妙地融合在这一建筑群落中，体现了苏州"香山帮"工匠的高超手艺，诠释了苏派建筑技艺的真谛，也显示了"香山帮"工匠的智慧和技巧。

第二章

明清江浙建筑木雕美学特征

　　木雕作为一种传统民间艺术，是中国传统文化精神的化身。木雕的雕刻纹样体现了民间美术的共性，渗透着传统文化蕴含的思维方式和价值观念。木雕艺术魅力无穷，除了精雕细刻外，丰富多样的纹样更赋予了其强大的生命力，在有限的图幅里表达匠人与主人的各种审美内涵，情景交融、替代巧妙、借物言志、寓意吉祥，使之更有观赏性与艺术性。在古建筑天井中仰望花窗、梁架上的木雕图案；听古建筑留守老人讲述关于建筑与木雕的一个个故事；抚摸着那一块块有着历史印痕的建筑木雕部件时都会让人浮想联翩，惊叹古人的技艺与美学理念。建筑木雕装饰作为一种民间文化现象，并非随意而为，而是有一定的倾向性和文化内涵。江浙地区明清木雕技艺在民间发展水平极高，因此对其美学的鉴赏应从雕工技艺、雕刻材料到审美等层面进行不同的分析。目前，木雕美学在新的时代背景下再次散发出新的活力，从题材到艺术性都有了较大程度的发展，在木雕的美学鉴赏上也应多结合现代的审美元素，在新时代使木雕美学具有更丰富的内涵。

第一节　木雕装饰特色

　　明清时期的江浙地区手工艺技术发达，因此结合区域文化特点和工艺专长，形成了这一地域建筑装饰的特点；又鉴于木料易加工的特点，一般氏族宗祠、富贾豪门等在建筑的营建上力求豪气与精致。而传统建造工匠在满足建筑构件功能的基础上，将对不同区域的构件，在梁枋、穿木、牛腿、雀替、门窗等主要区域进行雕刻美化，来满足户主并以此来体现其家族的地位、经济实力、审美和兴趣。在雕刻内容的选取上，艺人将选取具有美好寓意的内容进行雕刻，从而也以此体现寓教于乐和美好祝愿的功能。

　　按照中国传统建筑的施工工艺来分，梁架结构可分为大木作和小木作。大木作主要是对建筑承担重量的大构建，如对柱、梁、檩等进行制作、施工；而小木作主要是对非承重的构建与部位，如对门窗、隔扇、栏杆、牛腿、雀替等进行制作和施工。明清江浙地区建筑对大木作的雕刻不多，基本的木雕装饰主要集中在建筑的梁枋、穿木、牛腿、雀替、门窗、家具等部件上。

一、"东阳帮"建筑木雕

　　"东阳帮"建筑至明清已形成熔东阳木雕艺术和木结构建筑技艺于一炉，综合运用石雕、砖雕、堆塑、彩绘等装饰艺术的建筑风格。❶其中，以"清水白木雕"（不上色、不着混油，只上清油漆，保留原木本色）施于建筑装饰，是"东阳帮"建筑的一大特征。❷明清时期中国有四大木雕，即"东阳木雕""潮州木雕""福建龙眼木雕""温州黄杨木雕"，这四大木雕各有特色，其中"福建龙眼木雕"和"温州黄杨木雕"是古玩小摆件圆雕，不用于建筑装饰；"潮州木雕"虽是大木雕，也应用于建筑装饰，但它是用红油金漆等混油饰面，不露原木本色（浙江宁波地区也有类似的建筑木雕）。唯有东阳木雕独具风格，以清水饰面应用于建筑

---

❶ 东阳市地方志编委会. 东阳市志 [M]. 上海：汉语大词典出版社,1993：432.

❷ 李霜，张荣强. 东阳民居建筑木雕为何更精美 [J]. 艺术科技，2015：95,99.

装饰，保持清雅质朴的原木本色。❶

东阳木雕技艺到明代臻至纯熟，形成了自己的风格和一套完整的装饰手法，并广泛应用于建筑和家具装饰上。到清嘉庆、道光年间，东阳木雕技艺进入鼎盛期。作品风格形式由简朴到繁华、由粗犷到精细，更注重了透视和视觉效果，善于借鉴绘画和其他姐妹艺术的长处，从而丰富题材内容，开阔创作构思，改进雕刻刀具，出现了以继承传统刻技为主的"雕花体"派和着意模拟绘画的笔意气韵，讲究作品诗情画意的"画工体"派等两大艺术流派，并向建筑装饰、家具雕饰、陈设欣赏、宗教用品四大方面全面发展。❷在民间出现了大兴木雕嫁妆之风，有的迎亲抬嫁妆的队伍长达数里，状若帝王仪仗，称为"十里红""十里红装"。此风一直延至20世纪80年代。其中，"十里红装"的盛行，促进了"朱金木雕"（精雕后上朱红大漆，而后根据图案需要分别贴库金或赤金，达到既增强立体层次，又金光灿烂的效果）的迅速流行，使东阳木雕在传统的"白木建筑木雕"基础上，又发展了"朱金家具木雕"，如图2-1所示。❸

以东阳木雕装饰的宅院，俗称"东阳木雕民居"。东阳民居建筑木雕发展成熟期是明清至民国。这一时期，它的雕饰部位，主要是在牛腿、琴仿、斗拱、柞梁上进行镂空浮雕的屋架雕饰；在门窗绦环板、漏窗和格扇窗格花、花心、花结上进行浅浮雕、锯空雕的门窗雕饰；在平池、反轩、舞台的顶面雕饰，保留下来的众多建筑木雕大多如上所列的部位。❹例如，卢宅有民间故宫之称。其外表朴实无华，从屋架、顶面到门窗无不经过精雕细刻，内涵丰富，走进去所显现的就是一座座东阳木雕的博物馆（图2-2）。"清水白木雕"被广泛运用于建筑，一是与东阳的地理环境有关。东阳属亚热带季风气候，兼有盆地气候。其四季分明，光照充足，雨量充沛，空气湿度较大。在这种气候条件下，彩绘就不易长期保存。二是与传统礼制有关。中国古代对居室营造有各种规制，特别对百姓的限制更多，对建筑中的采绘也有很严格的限制。例如，宋代规定："凡民庶家，不得施重拱、藻井及五色文采为饰。仍不得四铺飞檐。庶人舍屋，许五架，门一间两厦。"明代规定民宅"不许施斗拱、饰彩色"。清是沿用制。❺所以，东阳民居建筑木雕不施彩画。这种不施色彩的清水木雕，反而迎合了明清江浙士绅追求清静、敛而不扬的格调。同时，这对当时的工匠提出了工艺上的更高要求。这种色彩上的限定，使东阳建筑木雕匠人只得于雕工上下功夫，于是，产生了组织紧凑、结构完整、多层次镂空的深浮雕和刻画精致、可细细欣赏、层次分明的浮雕、满地雕、多层叠雕等多种雕刻技法。例如，牛腿的雕刻技法常用镂空雕、半圆雕、圆雕等相结合。牛腿是屋架装修中雕刻难度最大、花工最多、水准最高的构件之一，因此东阳建筑木雕的雕刻工艺远比北方精美。同时，东阳木雕发展出众多的品种。在东阳民居中，一只牛腿的雕刻用工很多都会超过100人，即所谓的"百工牛腿"如图2-3所示。❻

南宋以来"东阳帮"中以装修木匠（小木）和雕花匠为主的工匠队伍，曾多次进入北京紫禁城修缮宫殿。据史志记载，第一批东阳工匠进北京是在明代永乐初期，应召进宫雕制宫灯。最后一批是在清代末年，进宫装修宫殿。据《东阳市志》载："木雕宫灯盛行于唐代贞观年间。明成祖朱棣迁都北京，召东阳木雕艺人进宫雕制宫灯……""清嘉庆、道光年间，400余名东阳木匠、雕花匠应召参加北京故宫修缮。"❼乾隆年间，400多名东阳艺人进北京故宫雕饰，并以他们的聪明才智和高超技艺，雕饰了众多璀璨夺目的宫灯、帝

❶ 东阳市政协文史资料委员会编辑.东阳帮与东阳民居建筑体系[M].西泠印社出版社，2007：6-7.
❷ 王仲奋.东阳木雕与宫廷装饰[C]// 东阳帮与东阳民居建筑体系－王仲奋论文选集.杭州：西泠印出版社，2007.
❸ 王仲奋注："东阳朱金木雕"不同于"宁波朱金木雕"，也不同于"广东金漆木雕"。东阳朱金木雕是七分雕工三分漆工，宁波朱金木雕是三分雕工七分漆工，广东金漆木雕是既贴金又着色。载王仲奋□《东阳木雕与宫廷装饰》，2005年10月"中国明清宫廷建筑国际学术研讨会"的论文.
❹ 王仲奋.浙江东阳民居[M].天津：天津大学出版社，2008：56.
❺ 王仲奋.浙江东阳民居[M].天津：天津大学出版社，2008：168.
❻ 李霜，张荣强.东阳民居建筑木雕为何更精美[J].艺术科技，2015(1)：95,99.
❼ 同②。

王之龙床宝座及琳琅满目的家具和摆件，至今仍保留有颇多的陈设。然而，这些传艺珍品的雕刻名家的姓名地史无记载。据传郭凤熙，湖溪镇郭宅村人，他的木雕技艺过人，在清道光年间名声极高，曾进京参加故宫修缮。他的儿子郭金局，艺名宝珊，也是清末的雕花高手，受人钦仰的木雕名师，又是'画工体'雕的始祖，也曾参加故宫修缮。"❶

　　走进故宫修缮的"东阳帮"工匠，主要从事建筑木雕装修，家具陈设品、宫灯、宗教佛像、供案物品的雕制。例如，宫灯制作，它由木雕灯架、灯衣、蜡台、挂钩和彩穗组成，以六角双层最多，其次是八角形、花篮形等。东阳木雕纱灯历史悠久，盛行于唐代，明清时期有很大发展。不仅灯架的雕饰更为精致，灯衣的发展变化更丰富，由开始的纱质衣发展为用篾簧丝或料丝编织、彩珠编织，后又用绘画玻璃片组装，还有用若干不同大小的灯串组成的"龙凤呈祥母子灯"（如卢宅肃雍堂的大堂灯，六角多层，高 4 米多，直径 2.1 米，用 3 盏大母灯、24 盏子灯、6 串彩绣络穗、40 多万颗彩色玻璃珠编穿而成，重 127.5 斤（63.75 千克），为"中华堂灯之最"）。故宫所存的宫灯，无论从型类、形状、用料材质、雕制工艺、风格均与东阳明清时期的传统纱灯一样。这说明故宫的宫灯无疑是由东阳民间工艺发展而来的，是明清时期东阳木雕艺人的佳作。

　　这些从事故宫修缮的工匠返乡后，把皇宫修缮木雕工艺带到了地方，从而使东阳自清嘉庆、道光年间以后的民居住宅建筑木雕风格，由明代的简约走向宫廷式的奢华。

二、"香山帮"建筑与木雕

　　"香山帮"木雕匠很早以前就掌握了复杂细致的传统木雕技术。史书载："江南木工巧匠皆出自香山。❷"这是对"香山帮"木雕艺术极高的评价，也在客观上反映了"香山帮"木雕工匠在雕刻技巧上的独一无二。"香山帮"木雕技艺作为中国传统技艺中的翘楚，有着悠久的历史，早在 1417 年，苏州"香山帮"匠人蒯祥被召去参加北京的宫廷建筑。据《香山小志·人物》记载，缅甸国王向明王朝进献一根巨木，皇上旨意定为大殿门槛之用。有位木匠不慎，在开料时锯短了一尺多。那位木匠惊惶万分，只好向蒯祥直言。蒯祥仔细看后，亲自动手，又将木料锯去一尺多。在众人万分惊奇之际，他交代身边木工，在木头两端雕上两个龙头，在边上镶嵌上一颗大"珠子"，用活络榫头装卸。这便是后来所称的"金刚腿"。❸从这段描述中，可以看到"以雕补拙"的妙用，反映了当时蒯祥等"香山帮"木工在木雕上的高超才能。

　　"香山帮"传统建筑木雕，要求木雕不仅在使用时坚固，还必须在外形上美观，致力于做到建筑中木雕的牢固与美观相结合，"香山帮"木雕对木雕的装饰性十分看重，一般在雕刻初期会根据装饰角度选定装饰题材，并且根据题材选择合适的木材，然后确定内容，再进行构图。它已演变成一个独特的中国传统风格，展示了建筑木雕的传统文化内涵，"香山帮"木雕的美学含义和艺术特点根植于传统文化的审美习惯中。

　　"香山帮"木雕工艺大部分应用于建筑构件和家具的装饰，雕刻的部位包括梁、枋、罩落、雀替、栏杆、隔扇等处。其中，梁、枋等建筑构件主要起支撑作用，且位置最高，不方便雕刻，所以一般梁、枋等构件不会精雕细刻，只将大体轮廓和粗线条图案雕出。而像门窗、挂落等装置是可以近处欣赏的雕刻，则不惜费工，精益求精。"香山帮"木雕原材料一般选择松木、杉木等。

　　"香山帮"建筑木雕的发展可分为四个时期：明代至清初，比较简洁大方，内容多见花草，品种亦不复杂，施雕构件讲究与整体梁架和谐（图 2-4）。清代中期，趋于华丽但不失稳重，建筑构建中加强了装饰性雕刻。清代中后期，雕刻内容繁杂，样式很多，形成了百花齐放的局面。清代晚期，讲究诗情画意，比较特别的是将文学作品作为创作题材，如将《西厢记》《三国演义》《红楼梦》等以连环画的形式展现在人们

❶ 东阳市地方志编委会 . 东阳市志 [M]. 上海：汉语大词典出版社 ,1993：432.
❷ 金添 . 香山帮木雕在现代室内设计中的应用研究 [D]. 南昌大学 ,2015.
❸ 徐崧先 . 香山小志 [M].1917.

眼前。这时期的作品有如下特点：写实功力增强，开始重视人体比例，追求骨骼肌肉造型匀称，人物形象接近现实，动物造型接近真实，花卉写实生动贴近自然。雕刻技法多样化，除了使用传统的雕刻外，还吸收了国外的表现手法；装饰性的雕刻作品趋于烦琐，人物、花卉、动物进一步从装饰纹样中独立出来。

"香山帮"木雕特点有三：一是图样优美，"香山帮"木雕工匠在雕刻图案时都是经过仔细琢磨，把题材内容组合的很好，雕刻出来的图样非常活泼和谐。二是空间均匀，在图案优美和谐的基础上，所雕刻出的花纹和留出的空间对比十分均衡。三是牵连牢固，"香山帮"木雕，尤其是用于外檐部分的栏杆、挂落等，由于经常受到日晒雨淋，而"香山帮"木雕工匠在雕刻时十分注意，既考虑到了艺术效果，又想到了牢固耐久。❶

"香山帮"民居建筑的大厅山界梁上空无不巧琢雕饰，山界梁与屋顶的椽子之间形成三角形的山尖处，考究的民居建筑将这一空间进行了"流云飞鹤"的木雕装饰。《营造法原》中强调了匠人要具有审时度势地应变能力，讲到"亦可审度形势，予以变更之"。清代念勒堂的楠木厅，梁扁作月形，五界梁承于步柱的栌斗上，下有梁垫、丁头栱。山界梁下施斗栱，驼峰上施令十字斗六升，以承托梁桁，山雾云为"荷叶状饰件"，较为少见。"抱梁云"是位于"梁之两架于升口，抱以桁条，两侧饰以雕刻花板"（图 2-5）。其长度是脊桁直径的三倍，厚一寸。有的较为简陋的民居建筑，只饰以抱梁云而不用山雾云。虹饮山房的明式大厅，山界梁上置明代建筑中常见的荷叶状栌斗，出挑两参，每一升口处都有抱梁云。脊桁上还有斑驳的彩绘遗迹。❷

梓木处于柱子上端，插于梁垫之下的栱状的"蒲鞋头"升口上，饰以透雕花纹的木板，匠人俗称"纱帽翅"。凡装有梓木的大厅，习惯被叫作"纱帽厅"，因两块装饰木板酷似古代文武官员所戴的方翅纱帽而得名。东山上湾村的明代建筑久大堂、明善堂均有梓木形的装饰木板，最为繁复的是透雕有人物造型的梓木。"枫栱"则位于外檐牌科上，是"香山帮"的自创之物，"长方形木板，一端稍高，向外倾斜，竖架于丁字拱、十字栱或凤头昂上之升口，以代桁向栱。栱多流空花卉，颇具风趣"。其中，还有双昂的形制，凤头昂与云头的装饰相呼应，挑起梓桁这一部分，层次丰富、造型优美，属于吴地民居中较复杂的做法。建于民国时期的春在楼（又称"雕花大楼"），据统计雕刻在梁架之上的凤就有 86 对，黄杨木制成的抱头梁特别抢眼，上刻有 48 幅以三国演义为内容的木雕图案。木框以阴刻花纹装饰，内凹的两侧画面构图饱满，层次丰富，浅浮雕水纹作为背景铺垫，深浮雕的人物、船只立于水纹背景上，立体感强。正立面的雕刻注重写实，人物的形象特征突出，人物的动作、比例夸张，手持长矛、挥臂奋战的气势呼之欲出，颇具特写效果。从船只、人物的比例来看，匠人雕刻时已注意到远近虚实的透视关系，近处雕刻细腻，远处简洁大气。整座大楼雕镂丰富、流光溢彩，不愧为"雕花大楼"的美誉。❸

常熟彩衣堂精美的木雕和彩绘，是明清"香山帮"工匠的代表作之一。彩衣堂是常熟翁同龢故居的厅堂，始建于明代弘治、正德年间，至今已有 500 余年的历史。其形制宏大，俄角飞翔，古朴典雅，是苏州现存 10 余处明代完整民居建筑的翘楚，1996 年被列为第四批全国重点文物保护单位。

彩衣堂梁柱间的斗一拱处作翼型梓木（图 2-6），抬头轩梁柱交接处前后共 4 对，内四界山雾云处左右共四副抱梁云，皆以透雕手法雕飞鸟走兽、植物花卉，层次丰富，美轮美奂。例如，"鲤鱼跃龙门"，该图案表达了主人对功成名就的殷切期望，展现了自古以来常熟的文风淳厚，绵绵流长；"荷韵青莲"表明了主人对清廉从政、高风亮节的崇高品德的追求；此外还有"富贵满堂""喜上眉梢""贵寿吉祥"等图案，丰富多彩，韵味无穷。❹彩衣堂的建筑彩绘代表了明代苏式彩绘中的精品。梁架各个机件上遍施彩绘，形成一

❶ 金添.香山帮木雕在现代室内设计中的应用研究[D].南昌大学,2015.
❷ 孟琳.香山帮研究[D].苏州大学,2013.
❸ 孟琳.香山帮研究[D].苏州大学,2013.
❹ 黄维克.常熟翁氏彩衣堂梁架结构的明清品质[J].安徽建筑,2016(6)：139-141.

个庞大的福禄体系。苏式彩绘的图案种类、题材发展广泛而丰富。彩衣堂梁架构造上保存有116幅层层印染、精美绝妙的苏式包袱锦彩绘，云彩、蝙蝠、仙鹤、福字、寿字、禄字、祥云、游龙等均入画境，反映了明代中晚期苏州地区的人文风情和主人对以读书为尚、重礼重教的美好愿景。包袱锦彩绘笔法注重写实，在梁架构件上衬以几何织锦纹，色彩为青、绿、丹、白、墨相间，在额枋处作旋子退晕，《清代匠作则例》称之为"彩画苏做"。彩衣堂的四界大梁上"双狮滚绣球"彩绘，以"沥粉贴金"手法堆塑而成，生动活泼，造型传神，其繁复精美程度似可与皇家建筑媲美。木雕、彩绘相映成趣、相得益彰，"彻上明造"中梁椽裸露，梁柱上直接彩绘"雕梁画栋"扑面而来。这大约是"香山帮"建筑木雕与"东阳帮"建筑木雕最大的区别所在。

"雕花大楼"雕花作领班的赵子康师傅 (1903—1978)，曾对"香山帮"的木雕和东阳木雕做过这样的比较，他说："香山帮雕刻发展至近代，虽较以往繁复，但如果与浙江东阳木雕相比仍属简约。例如，雕刻一只储衣箱，东阳木雕会连箱底一并雕刻，而"香山帮"木雕则不会这样做，因为那实在是一个实用与欣赏功能都极弱的部位。"浙江东阳被称为"雕花之乡"，东阳木雕以"多层次"雕刻见长，造型美观，图案常采用"满花"手法，图面布满纹饰，形成了较为独特的风格，相比而言，"香山帮"的小木雕以浅浮雕雕刻见长，构图借鉴了山水画的画面格局，以散点式透视为主，布局较为疏朗。两者之间有"多层透雕"和"平面浅雕"的区别，"香山帮"木雕中多用"结"作为装饰的分隔，较少用象形的形象，所以前者形象、繁复；后者雅致、耐看❶。

三、宁波朱金木雕

宁波朱金木雕，又名"金漆木雕"。它与同处浙江省域内的东阳木雕一样，其发展历经了新石器时代的萌芽，隋唐时期宁波朱金漆木雕的形成，宋元时期木雕工艺的发展，明清时期木雕工艺的兴盛，20世纪的衰落与当下的生产性保护等几个时期。

宁波朱金木雕分为建筑雕刻、朱金佛像雕刻、日用装饰雕刻、小型欣赏雕刻等几种类型。宁波朱金木雕蕴含"木工之巧，雕匠之妙，漆工之艺，丹青之描"❷。其雕制技艺主要包括设计图样、材料工具选制、木雕、髹漆、妆金等程序，以及干燥之后的后期修补调整等十八道工艺流程，大都需要手工完成❸。

宁波朱金木雕主要工艺采用朱金装饰与木雕结合，工艺重点在于漆而不在于雕，主要技艺是在木雕上贴金漆朱。朱金漆木雕以锻木、银杏、樟木等为原材料，是集木雕、髹漆、妆金于一体的手工技艺。它通过浮雕、透雕、圆雕等雕刻技法，雕刻成人物、动植物等花纹图案，再运用贴金、饰彩工艺，结合碾金、沙金、沥粉、碾银、开金、描金等工艺技法，撒上母或者蚌壳碎末，再涂上传统中国大漆制成，图案造型古朴，雕刻刀法浑厚，雕刻成品金碧映辉。宁波朱金漆木雕有"三分雕，七分漆"之说❹。朱金主要采用贴金结、漆朱红两种工艺。它对雕刻工艺的精细度都没有过高要求，但对漆工刮填、修磨、贴金、描花、上彩的要求却很讲究。好的工匠可以做到从雕刻漆朱、贴金、上彩、开脸的全程运作。"三分雕"，则说明雕刻与髹漆、贴金等工艺同等重要。

❶ 孟琳 . 香山帮研究 [D]. 苏州大学 ,2013.
❷ 杨古城 , 等 . 宁波朱金漆木雕 [J]. 浙江档案 ,2008(1)： 29.
❸ 刘中华 . 宁波"朱金漆木雕"工艺文献考究 [J]. 创意设计源 ,2018(3)： 60-64.
❹ 黄文杰 . 文化宁波：宁波文化的空间变迁与历史表征 [M]. 杭州：浙江大学出版社 ,2015： 222.

图 2-1　十里红装中的床与柜

图 2-2　东阳中国木雕博物馆的梁架结构

图 2-3　东阳古建筑上的牛腿

图 2-4　"香山帮"木雕架梁结构

图 2-5　"香山帮"建筑中的山雾云、抱梁云

图 2-6　彩衣堂翼形透雕棹木

　　建于明代嘉靖年间的宁波天一阁，荟萃了明清朱金木雕之精华。明嘉靖四十年至四十五年（1561—1566），兵部右侍郎范钦辞官回宁波后，开始于宅东建造藏书楼，并命名为"天一阁"。当时天一阁藏书七万余卷。它以藏书楼为核心，包括东明草堂、尊经阁、明州碑林、千晋斋、秦氏支祠等楼阁。秦氏支祠集木雕、石雕、砖雕、贴金、拷作等民间工艺于一体，是宁波明清民居建筑的大成之作。秦氏支祠的戏台顶部（图2-7）的藻井格式，均采用同圆样式的穹隆顶进行贴金敷彩，对视觉空间的延展具有独特的作用。藻井木雕装饰的结构极具韵律和节奏感，显示出雍容华贵的气度和辉煌壮丽的神韵。藻井作为我国传统建筑中的一种结构形式及空间形态尤为精细华丽。藻井构造独立，形式多样，以建筑装饰为主要功能。藻井原本多运用于宫殿和

寺庙，由于浙地域经济文化交流的发展，陆续出现在宗祠、戏台、会馆等大型集会场所的重要位置，之后呈现出密集的状态。其中，宁波朱金漆木雕装饰的藻井是浙东古建筑最华丽的建筑装饰之一。❶

宁波朱金漆木雕为了尊重工艺、制作、材料和表现形式的实用需要，大多汲取戏曲人物的服饰、姿态的夸张变形来塑造形象，用当时社会中人际关系的秩序社会的伦理精神来规范和经营画面的构图。"千工床"与"万工轿"就是宁波朱金漆木雕装饰的典型作品。例如，宁波朱金漆木雕艺术馆收藏的清代窗式"千工床"的前挂而花板，造型华丽富贵，眉头描金繁崛精妙，牙板雕刻精细入微。朱红的底色上运用贴金、嵌螺、描金等工艺。其表现内容为三国演义中的甘露寺等通俗戏曲曲目，采用"京班体"的立视体经营位置，将近景、中景与远景处理在同一平面而上，前景不挡后景画面具有饱满、对称、均衡，井然有序的装饰美感。荣获第九届中国民间文艺山花奖的作品"万工轿"被誉为世界上最豪华的花轿，是国家级非物质文化遗产宁波朱金漆木雕的代表作品之一，该婚庆花轿装饰雍容华贵，俗称"大红花轿"。它长 2 米，宽 1 米，高 2.8 米，重约 200 千克左右。整座花轿用材考究，花板雕刻的材质采用宁波本地百年香樟木，具有防虫蛀、小开裂的特点，运用天然中国朱红大漆铺底后金箔贴花。花轿木质雕花制作精细，采用传统的榫卯结构工艺联结，其中 238 个花板配件能拆卸自如。花轿运用了传统的浮雕、圆雕、透雕、镂空等多种雕刻技法。晨漆采用朱金漆木雕贴金、描金、铺绿、铺青、洒云母等特色工艺。整座花轿雕有 318 个千姿百态的人物，386 个反映宁波独特的海洋文化与农耕文化的飞禽走兽及《三国演义》《八仙过海》《东吴招亲》《马上封侯》等戏曲人物故事、神话传说、吉祥图案。❷

明清时江浙地区的建筑，迎来了一个蓬勃的发展时期。这与明朝立都南京有密切关系。据史料记载，当时的苏州"香山帮"、浙江"东阳帮"工匠都参加了明朝南京紫禁城和北京紫禁城的建设。皇城的建设实践，极大地提升了"香山帮""东阳帮"的建筑和木雕技艺，也为明清江浙木雕的大发展打下了坚实基础。

第二节　木雕装饰美学

江浙地区的审美文化可追溯到吴越两地的审美风尚，《越绝书》中记载："吴越为邻，同俗并土❸。"《吴越春秋·夫差内传》云："且吴与越，同音共律，上合星宿，下共一理❹。"以人为本的人文精神一直从吴越时期延续到明清时期，是江浙地区社会发展的重要因素。因自然环境因素，手工业、铸造业、建筑业等行业的发达，各类能工巧匠比比皆是，为经济和社会发展做出了重大贡献，其中以"香山帮""东阳帮"最为出名。北京紫禁城建造者就是苏州香山蒯祥和他的"香山帮"匠人。明成祖朱棣迁都北京，召东阳木雕艺人进宫制作宫灯。《东阳文史资料选辑》第十七辑《东阳木雕艺人篇》中记载："乾隆年间，四百多名东阳艺人进北京故宫雕饰，以他们的聪明才智和高超技艺，雕饰了众多璀璨夺目的宫灯、龙床、帝王之宝座及琳琅满目的家具和摆件，至今仍留有颇多的陈设。"明清时期这一地区存留木雕作品众多，特别是建筑与家具上的木雕图案，内容丰富，形式多样，表现手法独特，意蕴深远，集中地反映了古代人们的审美特征及文化内涵。

一、兼融并包的和谐之美

江浙地区明清时期的木雕图案有着浓厚的地域特色，通过雕刻技艺、装饰部位、图案形式等决定了表

❶ 吴敏.宁波朱金漆装饰艺术的形式与意蕴[J].文艺争鸣,2011(4)：129-130.
❷ 吴敏.宁波朱金漆装饰艺术的形式与意蕴[J].文艺争鸣,2011(4)：129-130.
❸ 袁康,吴平.越绝书[M].上海：上海古籍出版社,1985：43.
❹ 周生春.吴越春秋辑校汇考[M].上海：上海古籍出版社,1997：95.

现题材上的广泛性与象征性。常用谐音、会意、借代等手法寄托图案的各种寓意，题材广泛，图必有意。其图案虽形象万种，寓意多样，但在当时工匠的精心布排下，体现出传统婺学所倡导的兼并包融特征，而很好地体现出其作品的和谐之美。

从现存江浙古民居木雕装饰看，设计匠心独运，追求神韵，通过各种绘画形象，雕刻出不同的装饰效果。苏州有江南城镇，随地有园之说，其兴建的园林、民居建筑必然以木雕进行装饰，图案有单个的，有组合的，这种"组合"我们可以视为"融合"。狮、鹿、象、凤、鹤、麒麟、十二生肖、单个八仙、福禄寿星、麻姑、文殊、普贤等以单个或组合形象出现在牛腿、刊头、绦环板等部件为多，❶为动物组合的一组绦环板，绍兴舜王庙跨院精雕细刻的十二生肖建筑部件，纹样是单个生肖与仙人的组合。从实地调查与走访来看，江浙地区以明间抬梁式，次间穿斗式的三开间、五开间厅堂为多，一般情况下，明间牛腿用狮子，次间牛腿用大象，山墙用鹿形牛腿。狮与事、师同音，百兽之王，具有勇敢之寓意，两个狮子意为事事如意，一大一小狮子寓意太师少师，如义乌黄山八面厅的门厅、大厅明间都雕有太师少师牛腿，东阳白坦的务本堂的两只狮子牛腿，面对微笑，绝无仅有。南马安恬"百狮堂"以示屋主人的经济实力。鹿同"禄"，基本出现在牛腿、门窗绦环板、雀替等部位，有口衔灵芝、双鹿飞奔、寿星相伴、鹤鹿同在、蝠鹿同图等造型。据《东阳西坡张氏宗谱》卷一记载：清中叶，东阳流贵塘村流传着建造厅堂的一件趣事，因工匠师傅误听为"百鹿"二字，故在大梁、牛腿、桁木、雀替上雕成了一百只神态各异的鹿，是为"百鹿厅"。蝙蝠的"蝠"谐音为"福"，雕刻时常将蝙蝠的头换成如意形状，是为"如意头蝙蝠"，也有换成龙头等形式的，这种置换既保留了蝙蝠的基本特征，又让"福"的寓意得以延伸，具有深层意义。

组合的图案，如凤凰与牡丹，凤穿牡丹，喻有吉祥富贵之意。以松、鹿、神兽（寿星）、喜鹊组成"福禄寿喜"，表达人们向往国泰民安、吉祥如意的美好愿望。松、竹、梅称之为"岁寒三友"，象征着高贵的品格。柿子、柏树寓意百事，再加上如意图案，就为百事如意之意。例如，苏州园林、同里古镇、浙北、浙西、磐安（中国第三处孔氏家庙所在地）等门窗、牛腿、裙板、雀替的木雕装饰图案很多采用花卉，石榴因多子意为多子多孙。裙板、绦环板、门窗格心运用一个花瓶或一组花瓶为装饰，有平安之意。木雕图案的融合并不是情景再现，而是表达一种意义，强调"意""象"和谐的一种审美。值得一提的是，苏州一带的门窗雕刻受西方影响，融入了一些新的材料，如在花板中心镶嵌琉璃造型，使传统装饰有了新的突破。

二、清秀本真的自然之美

中国传统艺术一直以"清水出芙蓉，天然去雕饰"❷的天然本真为美，唐张旭的"山光物态弄春晖，莫为轻阴便拟归。纵使晴明无雨色，入云深处亦沾衣"❸中的清秀自然意境为后代文人墨客所推崇。唐朝至清朝都有体现这种自然本真的美学思想，木雕工匠把对大自然的向往经过艺术加工引入到建筑室内，将观赏者的身心流放到千山万水中，时刻感受大自然的美。

东阳木雕因地而名，不上漆不上色，保留原木的天然纹色和刀工技法，纯为"白木雕"，体现了一种朴实、节俭、随和之美，是一种清淡素雅的艺术，一种本土的"布衣文化"，恰与江浙文人雅士的审美情趣相合。除了材料之外，还体现在木雕图案的题材上，如牛腿、枋、梁等中心采用一个树叶状造型，树为房高，远近景层次分明，山川溪流交错，巧妙的构思与江浙秀美的建筑相融合。现存木雕作品上弈、抚琴图到处可见，有的是琴棋书画的结合，大多用在双开隔扇门窗或四开门窗中。江苏木渎古镇民居门窗上的一绦环板上的亭台、小桥、围墙等与山石、树木相映衬，山野村夫在桥边对弈，桥下溪水潺潺。山水纹样写意重于形式，图样上的比例与构图和同时代的绘画相似，可见山水纹样也受到明清时期文人画的影响。

---

❶ 2019 年 6 月摄于朱凤标故居，位于杭州市萧山区新塘街道朱家坛村，建于嘉道年间。
❷ 李白 . 李太白全集 [M]. 王琦 , 注 . 北京 : 中华书局 ,1977：574.
❸ 全唐诗 [M]. 北京 : 中华书局 ,1999：1180.

中国古代木雕受到了儒释道文化的影响。民居建筑因为简陋，故精雕细刻，以表现各个部位的不庸俗。那些牛腿、隔扇、家具等被雕刻上蕴含着忠孝节义等内容的图案，那些动物、植物、山川和云水等纹样常以拟人化手法传达人们心中的完美品格。例如，梅兰竹菊"四君子"象征"傲幽坚淡"的品格，是通用题材。这些雕饰让人们在生活起居中耳濡目染、身体力行，影响着一代又一代的子孙，木雕不只扮演了一个装饰的角色，更具有教化作用，具有很强的社会价值与审美价值。例如，卢宅府第厅堂的木雕装饰就是儒家思想与建筑相融的典型代表，"一品当朝，加官晋爵""周文王访姜子牙于渭水畔"等木雕图案，更是对子孙后人的一种希望与教育，是中国古代传统历史观的表现。厅堂上各处镂空雕刻的牛腿、门窗，都是构图饱满，意趣横生，比例和谐，都掺杂着儒释道文化的内涵，处处透露出一种教化之意。另外，明清是江浙戏曲艺术的黄金时代，全国三分之二以上的戏曲作家出于兹，戏曲故事与人物也成了这一时期木雕装饰的重要题材，如西厢记、珍珠塔等场景图案用来劝诫人们乐善好施、不要嫌贫爱富，如图2-8所示。

图2-8　秦氏支祠藻井

图2-8　戏文绦环板

三、抒情言志的诗化之美

一般来说，江浙地区明清所遗留的宅第、厅堂、门楼、家具大都比较精致、儒雅，从中可窥当时江浙地区的政治、经济和文化底蕴。其中有些反映当时的一种生活情态以及一种言志激励，颇具地域文化特色。例如，在东阳务本堂的门窗绦环板上就雕刻有端午节赛龙舟的场面❶，赛龙舟表达了人们去邪祟、攘灾异的良好愿望。因此，其作品处处透露出诗化之美。

武义县俞源村建于明末清初的六峰堂窗户上的两樘窗格心，一幅赴京赶考，圆形构图，以松林为背景，树木山石层次分明，一年轻后生骑于马上，一手执缰绳，一手执纸扇，面带愁容，有"青霄有路终须到，金榜无名誓不归"之意；右为一老妇，手捧碗盆，盆内装有馒头等干粮，让其带上；左边一书僮挑着行李，行李上挂着雨伞，回眸老妇。构图饱满，情节生动。另一幅是状元及第回家省亲，状元骑着高头大马，有人牵马坠镫，有人扛旗呐喊，同在古树下石桥上。江浙地区是人才大省，通过科举走上仕途的名人颇多，每家每户都想通过读书、科举实现"十年寒窗无人问，一旦成名天下知"的梦想。这类题材在门窗的绦环板上运用较多，如连升三级、平步青云等。

艺术作为意识形态的产物，可以折射出多种文化特质。例如，厦程里"尊行堂"的六扇门窗绦环板戏文木雕铡美案，花板故事一环扣一环，每一环即是一个故事情节。务本堂的张公艺九世同居图花拱、虎鹿厦程里的举案齐琴枋、俞源的六峰堂的清官难断家务事木雕绦环板、婆媳吵架左右为难木雕绦环板都有着更深层次的韵味。福舆堂后堂厢房的一双开门两幅图，刚好组成两句诗，满园春色关不住，一枝红杏出墙

❶ 2017年2月摄于务本堂，介绍见白坦古建筑群。

来，除了诗化之美外，还起到一定的劝世箴言作用。此外，还有单纯用文字来抒情言志的，如龙游志棠建于明万历年间的"三槐堂"中厅戏台前柱檐的四个雀替侧面刻有"礼仪、孝悌、廉耻、忠信"八字，即表达了对后辈子孙的殷切嘱托。这些木雕图案往往以动物、植物、博古、人物等为题材内容，经过艺术加工来反映当地的民俗文化与审美心理。

四、构图精致的装饰之美

明清木雕基本上都是依附建筑而存在，有了建筑才会进行饰雕。花厅、祠堂、门楼、牌坊等都少不了图案精美的木雕，这些木雕构图和谐，兼具装饰性与实用性。

欣赏者往往会以构图的美感来判别艺术作品的高下，这种审美以平衡美为基础法则。中国古代的建筑等级制度森严，平衡则体现建筑的威严与法度。木雕图案繁简皆有，而对称是平衡最为直接的一种手段，常以中轴线或水平线翻转到两侧或上下形成相同的图案，如门窗绦环板的镂空雕图案即是如此（图 2-9❶）。当今雕刻工作坊中，工匠仍熟练应用对称这一技法。梁、枋上经常会用到波纹、龙须纹、鱼鳃纹、漩涡纹等图案以形成一种动感平衡构图。其中，以"S"形牛腿最为常见，"S"形构图容易吸引视觉停留，提高人们的关注度，多用在后堂及厢房的檐柱部位，诸暨斯宅上新居、新谭家民居后堂檐柱牛腿。S形拐子龙造型，分为上中下三部分，中间部分为和合二仙、狮子、麒麟。凤与牡丹的组合也常用横向的"S"形，鸟类动物的组合也有竖向的"S"形。构图和谐还体现在故事的连续性上，如建于道光年间的东阳厦城村三开间的"承德堂"的三对琴枋，采用三国演义故事，刊头也采用三国人物，连续和谐，耐人寻味。

江浙明清木雕的装饰之美还在于它的实用性，不管用什么形式来表现，木雕图案以满足建筑物本身为前提，对一些不影响承重的部位，如牛腿、轩顶、门窗等处施以雕刻。不同部位采用不同雕刻技法，高处注重动态造型，线条粗壮，平视部位容易受尘、易遭破坏，基本采用浅浮雕装饰。清初后，木雕装饰艺术融建筑、家具、陈设为一体，雕刻特别注意细节表现，不惜工本，各领风骚，这与当时的时代背景与社会需求相关。

江浙地区建筑基本采用木架构砖墙青瓦营建，鉴于木料易加工的特点，在可视区域进行雕刻美化，来显示家族地位与审美倾向。题材通俗易懂，都有着美好寓意。例如，檐檩的雕刻较能反映主人实力，实力雄厚，檩条粗壮，雕饰讲究；反之就较为普通。例如，东阳白坦村"务本堂"三条檐檩，雕刻图案为九狮戏球、凤穿牡丹、百兽率舞，枋面较大，镂空雕刻（图 2-10）。马上桥吕氏花厅因是普通民居，枋面用材较小，饰以二层，上层有枋廊、梁枋二面饰雕，基本都为花草图案。工匠通常把琴枋、刊头、花栱、雀替等构件和"牛腿"构成一个木雕组群，用形态不一而内容和谐的题材进行精雕，是屋架雕饰中的重头戏，因难度较大、花工较多、水准较高、艺术性较强，成为江浙建筑特有的一道木雕工艺风景线。

江浙地区文人荟萃，江南水乡的自然环境、淡泊淳朴的民风对木雕图案的形成都起着较大作用。集工匠之技艺，融图案之蕴意，每一个装饰图案都有其象征意义，又具有审美价值。依形取景，按部位雕琢，一刀一琢都体现着文化内涵，倾注着他们的思想情感，彰显着典型的民族性与地域性。明清江浙木雕像是一颗璀璨的艺术明珠，在传统文化历史长河中熠熠生辉。

---

❶ 2018 年 8 月摄于郑梅珍民居，位于武义县南部大溪口乡山下鲍村，建于清代雍正年间（1723—1735）。

图 2-9　镂空雕门窗

图 2-10　九狮戏球、凤穿牡丹、百兽率舞檐檩

第三章
明清江苏建筑木雕装饰赏析

第一节　东山春在楼（苏州）

一、沿革概况

东山雕花楼又称春在楼，典故出自清代诗人俞樾名句"花落春仍在"，位于苏州市东山镇松园弄光明村。雕花楼是一幢中西结合，以中为主的院落式住宅。它是在上海做棉纱生意发了财的金锡之、金植之兄弟为孝敬母亲而建造的一座豪宅，是 20 世纪 20 年代"香山帮"的典型作品，当时雇用 250 多名工匠，耗资 15 万银圆，自 1922 年动工，历时 3 年才得以竣工。它是集砖雕、木雕、金雕、石雕、雕塑、彩画、壁画、匾额为一体，堪称一座东方建筑的博物馆。

雕花大楼坐西朝东，占地 2 亩（约 1333.33 平方米），以中轴线分布，自东向西依次为照墙、门楼、前楼、后楼及附房，北侧是庭院，以建筑雕刻技艺的巧夺天工而名驰四方。大门对面是一堵曲尺照墙，上有砖雕"鸿禧"二字，比喻出门见喜。两扇漆黑大门上的青铜雕饰拉手称为金雕，由菊花瓣、如意和 6 枚古钱币形组成，喻义伸手有钱。入门处，有规模宏伟的砖雕门楼一座，细砖雕刻，图案繁复，异彩纷呈。前面题额为"天锡纯嘏"，后为"聿修厥德"四字。尤以门楼内侧的雕刻精细异常，上层为"八仙上寿图"，神态活泼生动；中层"鹿十景"，卧立蹦跳，姿态十分逼真；左右兜肚上刻"尧舜禅让"和"文王访贤"，下为圆雕戏文"郭子仪庆寿"，象征多福多寿。其中，戏文人物故事，刻画地生动自然、动静有致。卓越的匠师以透雕和高浮雕的手法，在厚度不过一寸（约 3.33 厘米）多的砖面上雕刻出繁复的图案，从外到内，竟然有六个层次，层层深入，形成画面，充分体现出民间艺人高超的雕刻技艺。

进入前楼，面阔五间带两厢，进深两檩的二层建筑，下设客厅，作接待宾客之用。厅内雕梁画栋，装饰豪华，使人眼花缭乱，在梁、桁、椽和楼檩上全施木雕花卉图案。厅前长、短窗的堂板和裙板上刻有"二十四孝"和"西厢记"片断图案，其雕刻之精美，内容之丰富，令人叹为观止。门槛上嵌有蝙蝠形的销眼，叫作"脚踏有福"。踏着福迈进前楼大厅，这是整幢雕花楼的主厅，称为凤凰厅，因为厅内总共雕了 172 只凤凰，也就是 86 对，当地方言，"八六"与"百乐"是谐音，喻义百年快乐；4 根厅柱上端雕有 4 副乌纱帽的帽翅，象征"回头有官"，所以又叫官帽厅。大厅包头梁上的黄杨木雕，雕有"桃园结义""三英战吕布""三顾茅庐"等 48 个三国演义的故事，画面着力刻画人物大气磅礴的气势和威严勇武的神态，惟妙惟肖，十分耐看。大厅沿廊饰有 20 只花篮，分别雕有春兰、秋菊、夏荷、冬梅四季花卉。雕花楼的二楼是客厅、书房和卧室。二楼除了做工精巧的红木雕花家具外，大梁上的彩绘万年青聚宝盆，重沿板雕"万福流云"图案，少爷书房窗子上从西洋进口的彩色玻璃也颇有特色。

前后楼的主房和厢房前的走廊栏杆，材料都是进口的，内容却是中国传统的，是"洋为中用"。这些铁艺制品历经近 100 年的风雨，竟能保持不锈，银色的铁艺护栏图案中，四角是蝙蝠，中间圆圈中是"延年益寿"四字，中间的小圆是一个太极图形，寓意"福寿双全，驱邪纳福"。

后楼，重檐三层。面阔五间带两厢，进深九檩。第三层楼面，前后各缩进两界，两侧梢间隔断，形成暗室，别具一格。北侧花园，园内有假山、水池、曲桥、亭榭，并植以翠竹、紫薇、金桂、蜡梅等四季花木，布局巧妙，错落有致。尤为难得的是，小园以借景的手法，在高低起伏的围墙上，开有 13 扇漏窗，使园内外景色融为一体。登上假山，园外风光尽收眼底。

这座美轮美奂的东山雕花楼，是一个孝子给母亲的礼物，是"香山帮"匠人的一个传奇。

二、总体评价

古人云："无刻不成屋，有刻斯为贵。"雕花楼中木雕的数量最多，雕刻最密集处为前楼大厅。雕花内涵丰富，美妙绝伦，规模宏大，保存完好。建筑装饰集木雕、砖雕、石雕三者之精品，具有极高的观赏、研究价值。当你走进雕花楼，肯定会为"楼无处不雕、雕无处不精"的精湛工艺所惊叹。雕花楼与苏州的文人园不同，它的雕刻不仅为了好看、雅致，还有很多寄托、愿景。雕花楼在建造中，集中了民间几乎可以想得到的各类传说和吴地谐音，借助谐音和意象，表达了吴地的市井文化和民俗心理。雕花楼虽然是民国时期的建筑，但也是晚清时期建筑、雕刻的一种延续，极具代表性。一个地区建筑文化的形成是当地历史文化的积淀和自然环境相互影响和作用的结果。春在楼建筑雕刻表达了楼主对幸福生活的向往和追求，同时也显示了建筑工匠的智慧和技巧。春在楼是江南地区建筑雕刻的代表作，它对中国近现代的雕刻史、民居建筑、民俗文化具有很高的研究价值。

建筑地址：江苏省苏州市东山镇松园弄光明村（图3-1～图3-7）。

图3-1　春在楼砖雕门楼

图3-2　无刻不成屋的春在楼内景

图3-3　春在楼前楼门窗

图3-4　二十四孝（单衣顺母）纹样门窗裙板

图3-5　大厅内的凤凰梁

图3-6　楼檐下包梁头上三国演义题材木雕

图 3-7　短窗下寿字纹与夔龙纹雕刻

第二节　西山仁本堂（苏州）

一、沿革概况

西山雕花楼位于江苏省苏州市西山镇（现为金庭镇）的堂里村。西山雕花楼的原名是"仁本堂"，取自"以仁为本、礼为教本"的意思。西山雕花楼占地超过 2 000 平方米，建筑总面积约 4 000 平方米，因其古建筑雕刻数量多，而被俗称为西山雕花楼。其分老屋和新屋两部分，老屋分五进七落七天井，始建于清中期乾隆年间；新屋为三进五落、二十底十六楼，建于清咸丰后期。新老屋之间用一条备弄隔开，集聚了清代康熙、乾隆、道光、咸丰四个时期的建筑风格，建筑雕刻的形式与工艺都反映了这几个时期的特色，是苏州"香山帮"建筑的典型作品。

徐氏仁本堂的始祖为宋代抗金名将徐徽言（曾与岳飞齐名）的侄子徐吉卿，宋乾道五年（1169 年），任平江府（苏州市）太守。其子孙留太湖西山堂里，历经数百年的家族繁衍生养。清乾隆四十四年（1779年），徐氏后裔徐洽堂、徐赞尧在康熙年间建造的祖屋地基上扩建住宅，道光元年（1821 年）正厅竣工，取名"仁本堂"。其磉板、鼓墩、短柱呈显著的明式建筑特征，榫卯结合，不用一钉一铁，生动再现了香山蒯祥后人造厦智慧和绝技，此楼主要是接待贵宾、婚嫁喜庆、商议大事、逢年过节主人们聚集的场所，二楼是主人和子女们的居室。咸丰三年（1853 年），徐敬之在仁本堂左侧建起了新屋，名为东花厅。此楼特点为处处精细，雕梁花栋，凡本物件能雕之处尽施雕刻，内容多以山水、林木、虫鸟、果蔬等自然景物为主，造型别致、华丽、精美，细缕如画。

仁本堂大门正对着缥缈峰，大门并不显眼，掩映在一片民宅中。走进大门，却是豁然开朗，宽阔的中庭，亭台参差，曲桥相接，湖石交叠，漏、透、皱、瘦。过中庭，对面则是一片庞大的建筑群，高墙飞檐，气势不凡。整个院落高出周边民宅几个台阶，站在庭院中心，放眼四望，但见青山环抱，满目流翠，煞是赏心悦目。全楼上下有各种格调的花窗、花格、花栏杆 620 余扇，完全被各种栩栩如生的木雕花饰所包围。房屋的梁柱上、门楣上、檩枋上处处为精工细作的木雕。门楼上、照壁上、墙体上凡是有砖的地方，又布满了秀逸精美的砖雕。大到数尺长的砖雕匾额，小到盈寸的木雕花窗，或是花鸟鱼虫，或是轶事典故，无不千雕万刻、笔笔认真。在这座雕花楼里，集中了木、砖、石雕刻作品，如此繁复的雕刻工程，竟无一雷同，而雕刻手法上既有浮雕、镂空雕，又有控体雕，堪称一座雕花艺术殿堂。

仁本堂整个建筑反映了江南清代建筑雕刻艺术的传承演变。与古代民居不同的是，该楼处处透出皇家气派的最佳人居，是苏帮香山巨匠蒯祥后代无与伦比的建筑营造智慧的充分体现。西山雕花楼的雕刻有清代的砖雕、木雕、石雕、铜雕，还有泥塑雕等，应有尽有，共计 3 000 多件。雕刻内容主要以山水、人物、花卉、草虫、鱼儿、鸟儿、典故、轶事，无一不是来自大自然风光、社会生活，与老百姓的一切息息相关。雕刻的形式多样，可以说雕刻的多种形式基本都用上了，典型的浮雕、多用的透雕、少用的圆雕等，特别是那长窗、落地窗、半窗、横风窗和合窗不知用了多少种形式，如万字、乱纹、回纹、冰纹、八角、六角、灯景、井字嵌凌等花式，变化无常，玲珑乖巧。这里的木雕可以说无处不有，从窗上、床上、门上、梁上、椽上、廊上、栏上、杆上、台上、凳上、几上，凡是有木头的地方，均有雕刻，而且刀刀入木，处处精细，栩栩如生。砖雕相对来说是少而精，特别是东花厅的天井南墙上的额文"采焕尊彝"，其回纹也是融合了"梅兰竹菊"合花边，不是一般的回纹；另一处在西花厅天井南墙上的"花竹怡情"等。另外，大门的拉手、厨门拉环，还有门销、窗销都是铜雕的，形状特别好看和精致。动中有静，静中有动，堪称一绝。所有雕刻的内容与形式都有一定的含义，特别是木雕，主人的寓意和构思不落俗套，完全可以用"典雅"来概括。

　　我们徜徉其间，在欣赏雕花艺术的同时，聆听了一段忠臣良将爱国捐躯的爱国史。

二、总体评价

　　从西山雕花楼上，你可看到清代自康熙、乾隆、道光、咸丰四个时期的建筑堂构风貌，看到透出皇家气派的高精堂屋的最佳人居；在那里，你将欣赏到3 000件清代苏州雕刻精湛艺术之作，领略苏帮香山巨匠蒯祥后代无与伦比的建筑营造智慧。它的建筑形式以及其中的建筑雕刻装饰都富有浓郁的地域文化特色，是苏州现存的三座雕花楼中保存最完整、历史最为悠久的一座。不过这几年正在以骄人的姿态向世人展示雕刻艺术的魅力，其中以一部《风雨雕花楼》电视剧的拍摄，让世人知道原来在西山也有这样一个雕花楼。

　　建筑地点：江苏省苏州市太湖国家旅游度假区金庭镇堂里村（图3-8 ~ 图3-18）。

图3-8　花厅内景一角

图3-9　仁本堂新屋内景

图3-10　花厅上下二层门窗雕刻

图3-11　仁本堂门窗隔扇

图3-12　栏杆与落地长窗雕刻

图 3-13 仁本堂主厅

图 3-14 楼上厅屏风博古雕刻

图 3-15 花厅内的花篮柱

图 3-16 门窗裙板雕刻

图 3-17 水果门窗裙板

图 3-18 仁本堂蔬菜裙板

第三节　西山敬修堂（苏州）

一、沿革概况

敬修堂（亦称锦绣堂），清乾隆十七年（1752 年）由商人徐联习修建，历时 5 年而成，占地 1 866 平方米，共有六进，依次为门厅、轿厅、客厅、大厅、堂楼（凤起楼）及后进，除了堂楼与后进建筑之间接踵布局外，其余各进之间皆有或宽敞，或小巧的天井院，各个天井院依次分布在一条南北向的主轴线上，而且建筑群前后之间的房基呈依次升高的态势。敬修堂每进房屋都用天井分隔，通风采光考虑周到。宅内家井、水池、排水沟道等设施井井有条。整个院落的布局不仅合理紧凑，组合灵巧，还十分严谨规范。

敬修堂木质大门装于檐檩之下，门顶上做额枋，额枋前面设置两对圆柱形门簪，浮雕春、夏、秋、冬四季的代表性花卉，左右设门枕石，石上浮雕花卉。进门后的第一进房屋是三间轿厅，在厅堂的前后步柱之间架设弯橼，又在弯橼之上设枕头木，安草架脊檩，再列橼铺砖盖瓦。大厅五间，分作三明两暗，即明间与次间通连，次间与梢间之间用砖墙隔断。大厅的后步柱之间装屏风，前步柱之间装 16 扇雕花落地长窗。厅后设内轩，厅前设廊轩，轩顶架重橼，做假屋面，内部对称协调。大厅雕梁画栋，装饰精致，构图严谨，线条流畅，规整俊俏，美不胜收。凤栖楼五间两厢，都是两层楼房，楼下的 12 扇落地长窗上，雕有不同形状的代表 12 个月份的龙 12 条，这在民居建筑中很见到，还来自一个金屋藏娇的故事。

据传，乾隆皇帝专门拨下巨款，下旨给当地官员，为徐家建造这座大宅，一座座砖雕门楼，一间间画栋雕梁，错落有致，美观大方。殷氏（乾隆金屋藏娇主人公）住在后楼，命名为"凤栖楼"。楼下大厅前的 12 扇落地长窗，每扇窗上刻着一条龙。龙代表乾隆皇帝，含义为每年 12 个月，乾隆皇帝月月都在陪伴殷氏，月月龙凤相会。楼名称凤，门上雕龙，这"龙凤"可是皇家的专利，从东村徐家祠堂内原先三位宰相为殷氏这位民间妇女专门题写的颂词及祭文中可以得出徐家与皇家的渊源。

敬修堂的木雕主要体现在每一进院落的格扇门中。大厅的隔扇门共 10 扇，裙板上统一雕刻"富"字作装饰，上下涤环板饰如意纹，格扇中间的涤环板以"四艺"作为装饰题材，格心部分无装饰。大厅前檐柱之间共有 16 扇隔扇门，格心部分饰以六抹雕花，裙板与涤环板的正反面皆有装饰，正面涤环板的动物纹饰与裙板的山水景物相搭配，反面涤环板的人物故事结合裙板的折枝花卉进行装饰。

凤栖楼正殿隔扇门的中涤环板上，以高浮雕的技法刻画龙、云纹和松树的组合形象，龙的形象只能从头部的抽象形态中辨认出来，龙身部分无鳞装饰，腿、爪、耳、角皆被忽略。文人画的山水、风景题材在敬修堂中被大量运用。这类题材因其内容比较丰富，占据的幅面较大，所以常用浅浮雕的技法雕刻在隔扇门的裙板上，这样既有利于对画面层次的表现，又便于受众的观瞻。因临太湖较近，水产资源极其丰富，以水生题材用作建筑装饰，一方面是对自然环境的反映，另一方面也希望借助这些题材满足传统取吉纳祥的愿望，如鱼寓意为"余"，即年年有余，表达了人们对富足生活的向往。

另外，敬修堂还有三座砖雕门楼，雕刻内容吉祥，技术精湛，是图文并茂的艺术佳作。塞口墙上均嵌有吉祥图案的花窗。这种有层次的空间既便于远眺，又起到避外隐内的作用，具有安静而不冷清、交往而不干扰的特点。敬修堂再往西还有建于清乾隆十三年的（1748 年）徐家祠堂，建筑面积约 1 200 平方米，坐北朝南，共有门厅、前厅、大殿、享堂四进，以两座门楼、三个天井相隔。整座建筑庄重肃穆，气势宏伟，为江苏省重点文物保护单位。

二、总体评价

苏州西山敬修堂是非常值得一去的景点，是一处颇有欣赏、研究、实用价值的古建筑（图 3-19 ～图

3-27）。敬修堂作为苏州西山成功商人的宅第，不仅建筑规模较大，建筑木雕装饰的题材内容也相当丰富，题材的表现具有强烈的地域特色，堪称苏州东西乡土建筑的典型代表。敬修堂的建筑三雕不仅能反映苏州东、西两山乡土建筑的装饰特点，也能从侧面揭示苏州东、西两山商人的生活状况和处世观念。东村建筑物的雕刻装饰极其丰富，不少民居宅院木雕、石雕、砖雕三者皆备。木雕多施于梁枋、门窗；石雕施于门砧、柱础、门框上槛等处；砖雕则用于门楼和照壁。雕刻的题材丰富，手法多样，工艺精巧，是研究明清建筑雕刻的极好素材。

建筑地点：江苏省苏州市吴中区金庭镇东村。

图 3-19　砖雕门楼

图 3-20　大厅前的落地长窗

图 3-21　大门额枋上圆柱形门簪

图 3-22　轿厅前的落地长窗

图 3-23　动物纹样绦环板

图 3-24　大厅金柱麒麟翅翼

图 3-25 文人画依山形构图裙板

图 3-26 鱼形纹样绦环板

图 3-27 龙形纹样绦环板

第四节 同里崇本堂（苏州）

一、沿革概况

同里位于江苏省苏州市吴江区东北，距上海 80 千米，距苏州 20 千米，是一个具有悠久历史和典型水乡风格的古镇，是江南六大古镇之一。同里旧称"富土"，唐初改为"铜里"，宋时将旧名拆字为"同里"，已有 1 000 多年历史。同里处于泽国河网之中，历史上交通不便而少有兵燹之灾，古建筑保存较多，是江苏省目前保存最为完整的水乡古镇之一。因水成园，家家连水，户户通船，构成层次错落有致的优美画卷，以小桥流水人家的格局赢得"东方小威尼斯"的美誉。

古镇内包含一园（世界文化遗产退思园）、二堂（崇本堂、嘉荫堂）、三桥（太平桥、吉利桥和长庆桥）等诸多景点。崇本堂位于古镇富观街长庆桥北堍，坐北朝南，面水而筑，东与嘉荫堂隔河相望，西与长庆桥等三桥相连，整齐的石驳岸护卫着这座古朴的宅第。崇本堂的主人叫钱幼琴，于 1912 年购买顾氏"西宅别业"部分旧宅后翻建而成。整个建筑群体沿中轴线向纵深发展，共五进，由门厅、正厅、前楼、后楼、厨房等 25 间组成，其中第三进为清道光八年（1828 年）建造。

崇本堂的门厅、正厅和堂楼之间均有封火墙分隔。门楼过道左、右两侧均设有"蟹眼天井"，天井虽小，但在建筑上是个重要环节，它既可通风，又可采光，既能泄水，又能防火。门厅东侧，辟有一条深邃的备弄，使房屋院落既分隔独立，又串联为整体，是江南深宅的一大特色。从正厅到后楼，呈前低后高结构，建筑上利于通风采光，在民间则称之为"连升三级"。

崇本堂内一共有三座门楼，门楼上分别刻有"崇德思本""敬候遗范"和"商贤遗泽"的匾额，这不仅有以德安家立命的志向，也时刻提醒后代崇敬商业。门楼上方分别雕刻有象征科举仕途的鲤鱼跳龙门，"寿、富、康、德、善"五福齐全的五蝠图，长久和长寿的五鹤图。门额两侧刻有山水、人物、动物等吉祥物砖雕。三座门楼的第一个字分别是"崇""敬""商"，暗示主人商人出身、从商发家的经历。

崇本堂的最大特色是 100 余幅木雕，尤以门窗隔扇上的《西厢记》《红楼梦》浮雕最为醒目。正厅居中置六扇长窗，左右设半窗，长窗裙板上除刻有"花鸟博古"图外，中间两扇长窗的裙板上，右面刻有象征富贵平安的牡丹和瓶子，左面刻着寄意招财进宝的聚宝盆。所有长短窗的腰板上则刻有全套《西厢记》的故事，从"张生游殿"到"长亭送别"，共有 14 幅。底层长窗的腰板上刻着"红楼梦十二金钗图"，有"黛玉荷锄葬花""宝钗执扇扑蝶""湘云醉卧芍药""妙玉月下赏梅""元春奉命省亲""探春含泪远嫁"等，这些浅浮雕同样精工细作，给人一种栩栩如生的感觉。长窗的裙板上则刻着许多寓意吉祥的图案，如象征多子多孙的"松鼠葡萄"、寄意喜事登门的"喜鹊红梅"等，画面简洁，构图活泼，刀法圆转，形象逼真，让人回味无穷。后楼共有木雕 58 幅，东西步柱与檐柱之间的四扇隔扇的腰华板上刻的是"福禄寿禧"图案；两边五架梁下的八扇隔扇的腰华板上刻的是"渔樵耕读、琴棋书画"图画东边五架梁下的八扇隔扇的腰华板上刻的是何仙姑、张果老、汉钟离、吕洞宾、铁拐李等八仙图。

崇本堂现为江南水乡婚俗馆，展示了江南水乡过去结婚时用的服饰、嫁妆等实物。展馆布局景致，第一进为花轿厅，第二进为婚俗资料陈列厅，第三进为喜堂，是新人拜堂之处，第四进为洞房。定期举办婚礼表演，同时能让参观者感受到浓郁的同里民间婚俗艺术氛围。

二、总体评价

崇本堂虽不足一亩，建筑体量不大，但非常紧凑和精致。第一进建筑为门厅，第二进为崇本堂的主建筑三间正厅。顶覆黛瓦，前为扇门木格窗。崇本堂最具特色的精美木雕便从正厅开始，一直延续到堂楼。正厅扇门格窗长裙板上雕花鸟博古图案，短裙板上则以连环画形式刻《西厢记》故事。前后堂楼精美木雕同样集中于扇门格窗之上，前楼腰板刻"金陵十二钗"，长裙板上则刻富贵吉祥等图案。后楼扇门格窗腰板上分别刻"福禄寿喜""渔樵耕读""琴棋书画"和"八仙"等图案。如果把同里比作一座古建筑的博物馆的话，那么崇本堂就是这座博物馆中一件雕刻精致的艺术品，其精湛的技艺和深刻的内涵，向每一位游人诉说着故事。

建筑地点：江苏省苏州市吴江区同里镇富观街长庆桥北塄（图 3-28 ~ 图 3-37）。

图 3-28　吴江同里古镇

图 3-29　崇本堂入口处

图 3-30　门窗雕刻艺术

图 3-31　俯视天进内的门窗

图 3-32　同里退思园大堂

图 3-33　同里嘉阴堂

图 3-34　花卉博古裙板

图 3-35　西厢记绦环板

图 3-36　红楼梦绦环板

图 3-37　崇本堂 12 块飞禽纹样裙板

第五节　山塘雕花楼（苏州）

一、沿革概况

七里山塘是唐朝大诗人白居易任苏州刺史时开挖的，堤岸迷离曼妙，长街古色古香，"水陆往来频，花船载丽人"。早在明清时期这里就已名人宅邸林立，白公祠、阁老厅，千古名贤欲与山塘为伴。其中，最具有代表性的要属被誉为苏州三大雕花楼之一的"许宅"，即现在的山塘雕花楼。

山塘雕花楼坐落在山塘街250号，原名许宅，是清末名医许鹤丹先生的私宅，亦是许大夫行医的场所，因建筑恢宏，占地面积较大，素有"姑苏城外第一宅"之称。始建于康熙，大部分建于清末民初，曾被作为太平天国指挥部。许宅二落五进，占地2 890平方米，房屋建筑面积2 590平方米。整个建筑中最高的楼有4层12米，可以登楼远眺虎丘。宅第中还有一处临水戏台，与走马楼隔池相望。正厅庭院中有两口古井，寓义左右逢源。

山塘雕花楼坐北朝南，庭院相连，原有四进：第一、二进分别为门厅、轿厅，第三进为花厅，第四进为主厅（俗称"走马楼"）。2000年5月遭火灾，第三、四进房屋化为废墟，幸有封火墙、挡火墙门阻隔，第一、二进门厅、轿厅得以保存。2001年，周姓商人花巨资购下此宅，并依据修旧如旧的原则对全宅进行修复，2003年，古建专家罗哲文先生到许宅考察，挥笔题写"山塘雕花楼"，并已镶嵌在大门门楣上方。现有建筑五进：第一进为沿山塘街的门厅。第二进为轿厅，厅前天井内有砖雕门楼一座。现在重建的第三进与第四进为走马楼。在第三进天井前有砖雕门楼一座。第四进楼厅为茶室，与第五进的戏台遥遥相望。第五进戏台分为上下两层，楼上雕刻全折《牡丹亭》，楼下雕刻全折《长生殿》。第四进、第五进之间有一荷花池，两边以廊亭相连。

山塘雕花楼可以称得上是一座名副其实的雕刻艺术的博览馆。从雕刻的材料上分，有砖雕、石雕、木雕三大类，其中门厅后面的砖雕门楼建成年代较早，显得浑厚古朴，刻有《三国演义》中的"三英战吕布""刘备甘露寺招亲""三顾茅庐"等典故。而天井里的石雕井栏圈、梁柱下的那些石鼓墩，至少有二三百年的历史。木雕的花样更加繁多，有十二生肖、八美图、八仙图、四季鲜花、福禄寿喜等。从雕刻手法来看，整体雕、浮雕、镂空雕和印雕四大手法齐全。像第三进花厅的落地长窗上，用浮雕手法雕刻了西施、貂蝉、杨玉环、王昭君四位古代美女，和花木兰、樊梨花、穆桂英、梁红玉四位巾帼英雄，四文四武，雕刻精美，每幅画面都能使人想起一个典故、一段传说，耐人寻味。在砖雕门楼《鹿十景》的梅花鹿身上的梅花，屏风上郑板桥的兰竹和书法都是用印雕的手法雕刻的，有一种力透纸背的韵味。许多雕刻构件往往要两种甚至三种手法并用，如花厅两侧的落地罩就是用整块银杏木整体雕刻了松竹梅，再用镂空雕手法突出花木形体，立体感十分强。

山塘雕花楼的雕刻作品还有一个特色，就是有深厚的文化内涵。第四进主厅（走马楼）的楼下东侧走廊雕刻了全本《梁山伯与祝英台》，西侧走廊雕刻了全本《西厢记》；楼上回廊雕刻了全本《白蛇传》戏文。粗略统计，整座建筑共有450多件雕花板块组成1 200多幅图样，没有一幅重复。古戏台的两侧雕刻了全本昆剧《牡丹亭》，台下则雕刻了全本昆剧《长生殿》，就像两本古朴的线装书，向游人展示了一个个精彩的昆剧情景，等待你去细细品赏。

二、总体评价

山塘雕花楼虽然经过修复，但是"修旧如旧"，保持了明清建筑特色。第一、二进门厅、轿厅是老屋，都没有拆动，只做了一些修补加固。挡火墙门上还留着2000年遭火灾时火熏的痕迹。第三、四进花厅、主厅虽属重建，但仍保持了明清江南建筑风格。梁柱、屋檐上的木雕组合都以榫卯相接，完全不用钉子。重建的备弄两侧门楣上的题词：蜂巢、燕窝，也是沿用原先主人取的中药名称。重建的第四进主厅后面，设计者别具匠心，新挖了一方荷花池，池中心的水底打了一口深井，活水清亮，金鱼摇尾，荷莲飘香，为这座古宅的一个新亮点。与主厅（走马楼）隔水相望，一座古戏台临池而筑，演员在台上演戏，水中倒影摇曳，相映成趣。

建筑地址：江苏省苏州市姑苏区山塘街250号（图3-38～图3-47）。

图 3-38　古戏台俯视

图 3-39　山塘雕花楼入口门楼

图 3-40　福祉堂内景

图 3-41　走马楼雕刻垂花柱局部

图 3-42　荷花池东侧二层楼廊

图 3-43　裙板雕刻八美图局部

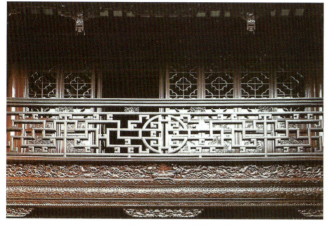

图 3-44　栏杆腰檐精美的雕饰

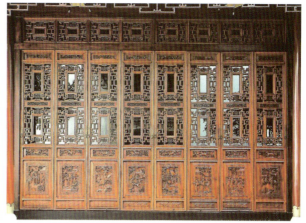

图 3-45　福址堂 8 扇落地窗裙板八美图

图 3-46　古戏台底层棹木雕刻

图 3-47　楼内海棠菱角式半窗

第六节　苏州拙政园（苏州）

一、沿革概况

拙政位于江苏省苏州市东北隅，始建于明正德初年（16 世纪初），全园以水为中心，山水萦绕，厅榭精美，花木繁茂，具有浓郁的江南水乡特色。占地 78 亩（约 52 000 平方米），分为东、中、西和住宅四个部分。住宅是典型的苏州民居，布置为园林博物馆展厅。拙政园中现有的建筑大多是清咸丰九年（1850 年）时成为太平天国忠王府花园时重建，至清末形成东、中、西三个相对独立的小园。

东部主要建筑有兰雪堂、芙蓉榭、天泉亭、缀云峰、澄观楼、浮翠阁、玲珑馆和十八曼陀罗花馆等。中部是拙政园的主景区，以荷香喻人品的"远香堂"为主体建筑，还有微观楼、玉兰堂、见山楼等建筑以及精巧的园中之园——枇杷园。西部原为"补园"，主要建筑为靠近住宅一侧的卅六鸳鸯馆，厅内陈设考究，装饰华丽精美。西部另一主要建筑"与谁同坐轩"，西部其他建筑还有留听阁、宜两亭、倒影楼、水廊等。

拙政园的造园艺术是天下园林的典范，园林建筑中融入了江南木雕艺术，使木雕艺术在园林中发挥了应有的作用，其中以下几处的建筑木雕较有代表性。

秫香馆为东部的主体建筑，面水隔山，室内宽敞明亮，长窗裙板上的木雕共有 48 幅，其中一出《西厢记》有"张生跳墙会鸳鸯""拷问红娘""长亭送别"等场景，雕镂精细，层次丰富，栩栩如生。落地长窗加上精致的裙板木雕，把秫香馆装点得古朴雅致，别有情趣。

卅六鸳鸯馆为西花园的主体建筑，南部称十八曼陀罗花馆，北部名卅六鸳鸯馆，这是古建筑中的一种鸳鸯厅形式。南厅是十八曼陀罗花馆，曼陀罗花即山茶花。北厅因临池曾养 36 对鸳鸯而得名。卅六鸳鸯馆内顶棚采用拱形状，遮掩顶上梁架，装饰精美。

留听阁为单层阁，体型轻巧，四周开窗，阁前置平台，是赏秋荷听雨的绝佳处。阁内最值得一看的是清代银杏木立体雕刻松、竹、梅、鹊飞罩，刀法娴熟，技艺高超，构思巧妙，将"岁寒三友"和"喜鹊登梅"两种图案融合在一起，是园林飞罩中不可多得的精品。

玲珑馆内有一"玉壶冰"横匾，取自南朝诗句"清如玉壶冰"。门窗隔扇的雕刻是全园的精华所在。其中一组门窗中六樘裙板，裙板上精美的博古木雕隔刻工细腻，内涵风雅。荷瓣花瓶内插画卷、拂尘、翎毛、磬等，下置万年青、水仙盆景、酒壶、酒杯及萝卜等物点缀烘托。其中，萝卜有清白之意，寓为清白做事，不喝糊涂之酒，扫去一切尘物。花瓶内插菊花、拂尘、翎毛、画卷，兽头上挂着古钱，宝葫芦吐着仙气，云中鹤翩翩，营造着世外仙境。但牡丹花盆景和酒爵又透露了人世希冀富贵的情怀。花瓶内插稻穗、柳条、灵芝，香炉吐着灵芝状云雾，左边一把酒壶，右边摆放苹果、栀子花。"穗"与"岁"谐音，灵芝吉祥，柳条祛邪，苹果喻指平安，整幅图案象征岁岁平安，健康长寿。云雷纹花瓶内插扇子、剑、拂尘、画卷，旁边有盆栽牡丹花及摆放的莲蓬、柿子等。扇子、剑都似仙家用物，扇者善也，剑斩心魔；拂尘为佛家拭尘之物，象征洁净；牡丹花指富贵，莲蓬喻多子，柿子为事事如意，整幅画面喻平安富贵，事事如意，净心行善。雕有团寿、象、荷花瓣的花瓶内插着象征净土的荷花、笔、如意，旁有菊花盆景及灵芝、佛手等。象、荷花、如意与佛教有关，指代佛家清静地；团寿、菊花、灵芝喻长寿；佛手喻"福"；"笔"与"必"谐音，取"必定"之意，即必定清净，幸福长寿。花瓶内插菊花、拂尘，旁置牡丹与兰花盆景，苹果、画卷、酒壶等点缀其中，喻四季平安，健康长寿。

400 多年来，拙政园几度分合，或为"私人"宅园，或作"金屋"藏娇，或是"王府"治所，留下了许多诱人探寻的遗迹和典故。拙政园与北京颐和园、承德避暑山庄、苏州留园一起被誉为中国四大名园。

二、总体评价

拙政园以水为中心，萦绕着错落有致的假山及精致的庭院建筑，花木并茂。花园分为东、中、西三部分，东花园开阔疏朗，中花园是全园精华所在，西花园建筑精美，各具特色。整个园林的设计十分精巧，一步一景、诗情画意、技艺高超、精雕细刻、制作雅致，处处体现着江南水乡的韵味。园中小径曲折，从一重重门廊、镂空图案的石墙，到每个亭子、每扇窗户都不雷同，而且与树木花草搭配得恰到好处，构成一幅幅如画般的风景。特别是留听阁门框上的飞罩是由一整块银杏木雕成，由"岁寒三友"和"喜鹊登梅"两组传统图案交织在一起。楠木隔扇裙板上刻有蟠螭（夔龙）透雕，圆润有神，据说是太平天国忠王府内的旧物，有较高的艺术和历史价值。各馆亭内陈设古色古香，书画挂屏精雅。桥影飞动，水波荡漾，翠石垒叠，绿树掩映，鸟语花香，令人向往。

建筑地点：江苏省苏州市东北街 178 号（图3-48 ～图3-57）。

图 3-48　拙政园园林景观

图 3-49　玲珑馆室内陈设

图 3-50　留听阁内松、竹、梅、鹊飞罩

图 3-51　留听阁室内陈设

图 3-52　卅六鸳鸯馆室内陈设

图 3-53　玲珑馆内门窗博古纹样裙板

图 3-54　留听阁隔扇裙板上的蟠螭（夔龙）透雕

图 3-55　留听阁隔扇裙板上的蟠螭（夔龙）局部

图 3-56　拙政园博古木雕

图 3-57　秫香馆窗栏雕刻

第七节　龚氏雕花厅（太仓）

一、沿革概况

沙溪古镇位于江苏太仓市，是第二批中国历史文化名镇。"古巷同肩宽，古街三里长，古桥为单孔，古宅均挑梁，户户有雕花，家家有长窗，桥在前门进，船在门前荡。"这幅沙溪水乡风俗画并不亚于同里、周庄。

明清时期，大批商人应运而生，临水建筑拔地而起，尤其是清乾隆年间富商龚氏古宅，堪称江南一绝，至今保存完好。龚氏古宅现存五进，总面积约 800 平方米。每进均有天井，进与进之间有回廊的楼相连。现存的建筑是东轴线前后七进和中轴线的前后五进。这座龚氏古宅曾孕育了许多名人，如国际天文学会理事、中国星象学家龚树模，现代儿童文学作家龚树葵，中国太阳能专家龚堡等。

其中，雕花厅为龚氏古宅的第三进——承德堂和京兆馀堂。

承德堂位于雕花厅西侧，坐北朝南，面阔三间 9.25 米，进深 10.1 米，为砖木结构。面积约为 92 平方米。承德堂为宅门的主厅堂，雕花较花厅简洁，但结构高大，气派非凡，厅内有厅柱四根，"承德堂"的匾额悬挂在大厅的正中。

雕花厅位于龚氏古宅中的第三进"承德堂"的东侧。这里比承德堂略小，取名为"京兆馀堂"。建筑为崇脊硬山顶，带深檐前廊，抬梁穿斗，箕枋相构。坐北朝南，面阔三间 8.8 米，进深 9.2 米，为砖木结构。太平天国时期，太平军监军韩吉迁将指挥部设在雕花厅。中华人民共和国成立前，这里曾一度成为办学的场所，共开办过两所私立学校。中华人民共和国成立后，雕花厅被收为国有，成为办公用房。该厅开阔三间，满厅雕梁画栋，动物、花卉雕刻栩栩如生，十分的精细。梁木四面刻满了柔软美丽的缠枝花浮雕，梁架上布满了形态各异的云纹仙鹤雕花，有静立状，有跃跃欲飞状，有翩翩起舞状。四角机下对称刻有象、狮、虎、豹四兽，既有辟邪之意，又象征着吉祥。最为难得的是，雕花厅的栋梁均保持了历史原样，雕花厅的精华部分也正是在此。梁栱枋栱间都刻有奇花异果、祥瑞异兽、云芝牡丹、福寿蟠桃等，在雕刻艺术上，它充分运用了深雕、浅雕、圆雕、透雕等手法，又因材、因地、因物而异，各不相类，其中云彩蝙蝠、凤凰麒麟、吉象灵兽、奇花异果都是栩栩如生，堪称极品。

作为一个带有一定探索性或者观赏性的游客，走在沙溪的老街上，眼光应该往纵深处看，应该往细微处看，唯有如此，才能从青砖黛瓦和断壁残垣以及一些不为人所注意的地方发现大量的明清建筑，发现它们虽然经历了一百多年乃至数百年的风雨沧桑，至今依然熠熠生辉，焕发出耀眼的光芒。龚氏雕花厅梁上所刻的吉祥图案，美轮美奂，有专家认为，它的建筑、工艺、文物等方面的价值，都远远超出了东山雕花楼，因此被诩为"江南极品，古镇绝景"。

除此之外，沙溪还有一个雕花厅，位于乐荫园西侧，俗称雕花厅（月泉厅）。乐荫园又称乐隐园，原为元代晚期隐士瞿孝祯所筑。旧时园址，湮没无存，仅留湖池一潭。1982 年始在旧园原址重建，更名乐荫园，面积 22.5 亩，其中水域面积 5 亩，建筑物临池而建。全园分中、东、西三部分。西部入园大门围墙仿苏苏州拙政园门口；北侧小花汀室内清明简洁，配以精工细刻的木格窗，可一览屋后小院内梅、竹、芭蕉、大竹和假山石构成的精致秀美的山景。西部为雕花厅，梁上雕花精致，玻璃长窗，厅高敞爽。厅前平台宽阔，亭后外露台濒临水池。

二、总体评价

沙溪古镇的建筑属于临水建筑，"两苍夹一河"的街弄跟其他水乡古镇基本类似。沿戚浦河而建的临水民居建筑基本保存完好，错落有致，街弄交替绵延数公里，这里诉说着沙溪昔日商贸的繁荣。龚氏原是沙溪当地的望族，有西龚、中龚和东龚三处。西龚原址在白衣殿弄老街口，后来因为白云路的拓宽而被拆除，中龚在中市街，现在这座对外开放的龚氏古宅，原来是属于东龚的房产。这座龚氏古宅中的雕花厅在古居林立的沙溪堪称是典型代表建筑。雕花厅的建筑风格，尤其是它的雕刻工艺都堪称一绝，有较高的历史价值和艺术价值。

建筑地址：江苏省太仓市沙溪镇中市街沙溪文史馆东侧（图 3-58 ~ 图 3-66）。

图 3-58　沙溪古镇风景

图 3-59　龚氏雕花厅文保碑

图 3-60　沙溪古镇建筑群

图 3-61　承德堂外景

图 3-62　承德堂门窗雕刻

图 3-63　京兆馀堂梁枋门窗雕刻

图 3-64　京兆馀堂梁架雕刻

图 3-65　京兆馀堂山雾云雕刻

图 3-66　承德堂梁架雕刻

第八节　张溥宅第（太仓）

一、沿革概况

张溥宅第又名张溥故居，位于江苏省太仓市城厢镇新华西路 57 号，始建于明朝天启年间，原为张溥伯父、明代工部尚书张辅之的宅第。张溥幼年、少年时期在此生活，后为张溥别业，终其一生。崇祯年间，正棚后院均已久废，仅存三进组合式的通转走马楼房屋。1984 年，经古建专家单士元、罗哲文、郑孝燮等实地查看后建议保护，地方政府出资将原住居民迁走。

张溥宅第就坐落在街边，大门的对面隔着大街有一堵不大的新造照墙，墙前一尊身着明代文人衣衫手握书卷的石像，面相既不威武也不张扬，让人很容易联想到一个读书入仕，而又不屈服于阉党专权，忧国忧民的文人。街边的这所宅第有一个窄小的石条搭就的门洞，很难让人想象这曾是明朝崇祯年间的朝廷京官的住宅。进入门洞，眼前一个小型的天井，落地镂空隔扇里正对着院门的是一尊张溥铜身的立像，还是左手持书卷，右手则握笔，神态若有所思。塑像身后一面屏风，屏风上贴着主人的一封亲笔书信的放大稿。

张溥宅第是三进结构。第一进是大厅，名"孝友堂"，其内部梁柱粗大，斗拱齐全，雕工精良，五梁带前轩，并有前后廊，大厅左右各有一间六架梁侧楼。第二进为五架梁带前后廊的住宅楼，房分五间，中设客堂，结构简朴，斗拱轴柱形制各异，雕刻精巧，繁而不乱。第三进为七架梁带前后廊的高楼，天井两侧各有小楼，走廊相通，楼后有天井式小苑，两侧各设精巧方圈门，后楼粗梁大柱，雕刻细腻，雄伟壮丽。第二、三进均为二层楼房，展示张溥书房"七录斋"、起居室及复社大事记等。第二、三两进二楼回廊相通，称"通转走马楼"，这是张溥宅第最大的建筑特色。三进之后还有一个别致小巧的花园。整个建筑东侧是一条长达 40 米的备弄，供女眷和下人行走。整个建筑斗拱齐全，布局精巧，配以围廊厢房，是一座典型完整的明代建筑，不但规格较高，而且细节精致。故居内木雕砖雕古朴典雅，又有各式漏窗，构思巧妙。梁架结构形式多样，尤其是后楼梁架粗大，束竹形的脊瓜柱置于花瓣形的荷叶墩上尤为精美。

张溥宅第大厅前柱挂有一副楹联："承弇州，启梅村，一代文章在娄水；继东林，匹几社，千秋山斗仰天如。"大厅正梁上高悬"孝友堂"匾额，匾额下挂有六幅字屏，内容是北宋名相范仲淹名篇《岳阳楼记》，为张溥同乡先学王世贞的墨宝。大厅三架梁上木雕抱梁云、山雾云，大厅梁柱相交处有形似古代官翅的雀替木雕，故此堂为"纱帽翅厅"。

张溥故居的后院是一座两层楼房，楼上四面可以转通，俗称转马骑楼，也以张溥生平展览为主，主要是关于他读书七录七焚的方法。即每次读书先行抄录，然后读过后再烧毁，再抄，再烧，如此重复七次。他的书斋就以"七录斋"命名。从二层阁楼，穿过东厢书房，来到第三进楼阁。楼阁上面较好地保存了故居原貌，特别是楼阁的大梁与莲花托等，是明朝原件，受到古建筑专家的肯定，给人留下了很深的印象。下了楼梯，在大堂里看到了张溥在虎丘"千人石"前举行著名的复社虎丘大会的情景再现雕塑群。此次大会盛况空前，四方文人毕集，以文会友，议论朝政，影响深远。

张溥故居的东侧就是江南丝竹馆，后院有边门与张溥故居相通。建筑主要包括清代杨家小楼和其南面依次新建的花篮厅、戏台、门厅等传统风格建筑，共计 770 平方米，至今已有 400 多年的历史。

2006 年 5 月 25 日，张溥宅第被国务院公布为第六批全国重点文物保护单位。

二、总体评价

张溥故居建于明代晚期的天启、崇祯年间，较完整地保存了明代"尚书府第"的建筑风貌，故居现存三进组合式，规格较高，工艺精良，布局合理，木架结构雕刻精致，主要建筑构件均为明代建筑遗物，后院为江南特色的"H"形走马楼，其是具有典型特征的江南古代民居。同时，作为明代著名学者、复社领袖的张溥的建筑遗迹具有很高建筑艺术价值和历史纪念价值。早在 20 世纪 70 年代，著名古建筑、园林专家陈从周教授发现了该古建筑，肯定它是明代一品府规制的建筑，对现在研究明代古建筑起到代表性作用。

　　建筑地址：江苏省太仓市城厢镇新华西路 57 号（图 3-67 ~ 图 3-75）。

图 3-67　用于接待客人之用的厅堂

图 3-68　张溥宅第门楼内景

图 3-69　故居大厅孝友堂内景

图 3-70　第二进院落空间

图 3-71　故居内八仙题材裙板

图 3-72　二楼落地门窗装饰

图 3-73 大厅内的官翅棹木

图 3-74 张溥书房展厅

图 3-75 故居内的花鸟纹样木雕隔扇

第九节　薛福成故居（无锡）

一、沿革概况

薛福成，是中国近代历史上著名的思想家、外交家和资产阶级早期维新派代表人物，与黎庶昌、张裕钊、吴汝纶并称为"曾门四弟子"，曾作为清政府的钦差大使出使英国、法国、意大利、比利时四国。

薛福成故居位于江苏省无锡市，建于1890—1894年，誉为"江南第一豪宅"。故居建筑群规模宏大，布局合理，占地超过21 000平方米，建筑面积5 600平方米。薛福成善于思考，勤于笔耕，勇于实践，在内政外交上取得了非凡的成就，为此清政府特赐"钦使第"一座以褒奖其历史功绩。至今，由光绪皇帝御笔亲题的蓝底金字"钦使第"一竖匾仍悬挂在薛府将军门门额之上。2001年，其故居被国务院确定为全国重点文物保护单位。

薛福成在出使之前，亲自设计了钦使第的草图，交其长子薛南溟建造。薛福成故居钦使第平面布局规整、功能划分严谨，宅院分中、东、西三条轴线，前窄后宽，中轴线上由门厅、轿厅、正厅、后堂、转盘楼、后花园组成；东轴线上由西式弹子房、薛仓厅、对照厅、枇杷园、吟风轩、戏台组成；西轴线由传经楼、西花园、佛堂、杂房组成。中轴线前四进面阔均为九开间，第五进、第六进的转盘楼更是面阔十一开间，为国内现存规模最大的转盘楼，有"中华第一回楼"之称。

远涉重洋的薛福成受西方文化的影响，其宅第也呈现出明显的西风东渐的特点，表现在建筑风格上的中西合璧。主体建筑基本上沿用清代中晚期的规制，细微处的雕刻装饰巧夺天工，体现了中式建筑工艺的最高水准。转盘楼檐、弹子房等建筑则显示出以中式为主，伴有西式做法的时代特征，至于薛汇东住宅，则更是基本欧化的巴洛克式洋楼。

薛福成在建造宅第时，官衔为正三品，赏加二品顶戴，按照朝廷规定，他的住宅厅堂面阔不可以超过五开间，然而他的宅第已远远超过了标准。薛福成熟知朝廷法规，他特意关照其子薛南溟在轿厅、正厅这两进最引人注目的厅堂内，均采用对剖双排的独特做法进行处理，将九间大厅分别变成相对分开的三个厅堂。所谓对剖柱，是以两根半圆体的柱子并列在一起，远看似乎是一根圆柱；近看中间有数厘米宽的缝隙。与此相呼应，柱子的石鼓磴也都为两个半圆体对合而成，柱上的大梁、步梁等自然也都为对剖双排。正厅则用考究的正六边形蜂窝式砖细墙和已有西方居室装饰风格的移门来分隔，这种做法在无锡地区绝无仅有，在全国来说至今也未见过有第二例的报道。正厅是整个宅第中最主要也是最豪华的一个厅堂，它的雕梁画栋保存完整，雕刻精美。依稀可见的飞金灯饰和朱漆彩绘的包袱锦无不显示出豪华气派，正厅的砖雕、木刻之多之精是故居内其他建筑无法比拟的。

故居内家具陈设、雕刻等表现得较为奢侈，从中堂之中就可见一二。柱子使用南洋杉和花梨木制成，家具使用小叶紫檀精雕而成，堪称豪门之举。前四进的家具陈设、楹联匾额、杂件器具的摆设均按原样复原，充分体现了晚清豪门世家的官宦文化，而转盘楼、后花园、传经楼、东花园则充分体现了晚清官僚宅第的家居文化。平面组成了"回"字形，中间是一个长方形的天井。这种楼是江南大户人家常见的一种住宅建筑形式。此处的转盘楼是国内现存最大的转盘楼，有"中华第一转盘楼"之称。后花园西北角有一幢具有宁波天一阁建筑遗风的传经楼，还有黄石堆山、奇花异草、竹林乔柯、廊桥亭榭等园林景致。修缮一新的传经楼是后花园最有特色的景致，为文人骚客必游之处。

另外，薛福成很多子孙都成为国家栋梁之材，其中长子薛南溟创办实业，被誉为"丝蚕大王"，以其经济实力成为无锡地方豪绅的首领，曾任无锡商会会长，是无锡最早的近代实业家之一。薛南溟第三子薛寿萱被誉为"丝业大王"。

二、总体评价

薛福成故居钦使第规模宏大，内涵深厚，呈现出在传统基础上吸收西方文化的建筑风格和适合社会交往的园林式开放格局，它填补了中国近代建筑史上的空白，是中国近代社会转型期江南大型官僚宅第，现存原建筑 100 余间，其规模之大、结构之精、保存之完整，宅第规模宏大，重檐复阁，回廊曲折，布局合理，雕刻精细，绚丽多姿，不但有清末时代特点，具有无锡地方特色，而且是西风东渐的建筑，体现的是中西合璧的风格，同时是近代民居建筑与江南造园艺术和谐结合的一个典范，在江苏的晚清官僚住宅中尚属罕见，故有重要的历史价值、研究价值和旅游价值。

建筑地点：江苏省无锡市学前街 152 号（图 3-76 ～图 3-84）。

图 3-76　钦使第门口

图 3-77　轿厅又称"西辖堂"，是主人和来客落轿的地方

图 3-78　中华第一转盘楼

图 3-79　转盘楼局部门窗隔扇

图 3-80　议事厅山水槅扇

图 3-81　故居内落地门窗

图 3-82　主人会客之所"务本堂"

图 3-83　务本堂内山雾云木雕装饰

图 3-84　隔扇门中的花鸟裙板

第十节　惠山古镇（无锡）

一、沿革概况

惠山古镇地处无锡市西、锡山与惠山的东北坡麓，海拔高 8 米，历史悠久，有锡山先民施墩遗址。以地理位置独特、自然环境优美、古祠堂群密集分布为特色，寄畅园、天下第二泉、惠山寺等分布于此。惠山古镇古迹众多，文化底蕴丰厚，号称无锡历史文化的露天博物馆，是江苏省历史文化保护区古运河风貌区的重要组成部分。

惠山古镇以惠山古祠堂为依托，连接惠山寺、寄畅园、惠山镇、惠山直街、横街和惠山泥人博物馆，整体规划和开发建设历史文化含量较高。惠山寺始建于南北朝，香火旺盛。无锡的标志性建筑锡山龙光塔，始建于明万历间，是古镇一景。惠山寺山门两侧分别有观泉和听松门楼，听松门楼里面（北面）即是二泉书院，而观泉门楼里面（往南）就是天下第二泉。唐代陆羽品宜著者，惠泉第二，"天下第二泉"因此得名。惠麓一带林茂石罄，泉水丰富，素有九龙十三泉之称美誉。唐、宋惠山寺石经幢耸立古镇中心。周边还有全国闻名的寄畅园，寄畅园元朝时曾为僧舍，名"风谷行窝"，明朝时扩建。全园分东西两部分，东部以水池、水廊为主，池中有方亭；西部以假山树木为主，门窗装饰皆用木雕，裙板、绦环板是饰雕的主要部位，多采用仙草山石图案，是中国江南著名的古典园林。

惠山古镇祠堂建筑群是古镇的一大特色，始建于唐而盛于明清，先后出现 120 处祠堂建筑体，其中宰相祠堂九处，楚相春申君黄歇；唐相李绅、陆贽、张柬之；宋相司马光、王旦、范仲淹、李纲；清代李鸿章。惠山祠堂群按规制可分为尚书祠、侍郎祠、御史祠、巡抚祠、忠节祠、贞节祠等，祠堂名目繁多。涉及 80 余姓氏，180 余名历史人物，是寻根问祖，追根溯源姓氏文化的源泉。2006 年 6 月，经国务院批准，公布惠山古镇祠堂群为全国重点文物保护单位。惠山祠堂中的华孝子祠、至德祠、尤文简公祠、钱武肃王祠、淮湘昭忠祠、留耕草堂、顾洞阳祠、王武愍公祠、陆宣公祠、杨藕芳祠 10 座祠堂为全国文物保护重点祠堂建筑。除重点祠堂外，惠山古镇还对 57 座祠堂进行了修复和恢复。

惠山古镇建筑中门窗、栏杆雕刻最具典型，长窗因建筑物前常有长廊，大多安装向内开启的，方便通行，长窗由上中下夹堂（绦环板）、窗芯（格心）、裙板构成。在夹堂和裙板上常刻有浅浮雕花，以人物故事、花卉动物、吉祥纹样为主。长窗双侧有报柱与上下槛相连，并以木质摇梗或金属摇梗固定，限制动弹。栏杆有高矮之分，矮的叫半栏。古镇中的栏杆、外檐装折中的栏杆起着保护与装饰的作用，和挂落处于同一个立面，装于两根柱子之间，有时代替半墙的作用，根据自身长短安装雕刻花结。

惠山古镇中将人物故事画作为雕刻题材也极为常见，隔扇门绦环板上的山水人物大都具有故事情节，于山水间高谈阔论、嬉戏玩耍、星罗棋布、抚琴高歌。这些纹样作品构图优美饱满，背景清晰深远，人物轮廓逼真，引人入胜，百看不厌，体现了吴地的文化风采，逐渐形成吴人清秀细腻的纹样风格。这些故事性纹样记录了当时的社会生产生活，更重要的是教育提示后人传承文化，铭记仁义礼智，不忘先人优良传统。

二、总体评价

惠山古镇古建筑数量之多、密度之高、类别之全、风貌之古朴，为国内所罕见，经典的建筑作品在局部都进行精益求精、精雕细镂的处理，以达到强化、渲染建筑物的整体形象风格，既不同于皇家建筑那样金碧辉煌、雍容华贵，又不同于苏州园林的那种曲径通幽，而是一群以礼祀为主要功能的建筑，并与惠山的自然山水、林泉胜迹完美结合。惠山古镇在历史长河中逐渐融合了不同时期的不同文化价值，其装饰极为讲究有较高的审美价值，装饰元素的工艺手法多为绘画和雕刻，其中斗拱、梁、飞檐、柱础、门窗等雕刻精美且巧妙，说明当地深厚的文化底蕴已经充盈在人民生活的各个角落，装饰主题较为丰富，人物故事、动植物以及各种谐音寓意平安富贵，反映了无锡人的独具匠心，具有极高的艺术价值。

建筑地址：江苏省无锡市西、锡山与惠山的东北坡麓（图3-85～图3-94）。

图3-85　惠山古镇门口照壁

图3-86　陈文范先生祠门口花罩

图3-87　张中丞庙戏台

图3-88　留耕草堂格扇门

图3-89　寄畅园卧云堂

图3-90　留耕草堂内门窗结子雕刻

图3-91　惠山寺裙板如意纹

图 3-92　古朴的门窗仙草纹裙板

图 3-93　昭忠祠梁架雕刻

图 3-94　张中丞庙檐枋历史人物雕刻

第十一节　甘熙宅第（南京）

一、沿革概况

金陵甘氏是江南望族，其祖先最早可以追溯到战国的秦丞相甘茂，其后甘罗、甘宁、甘卓等都是金陵甘式的著名人物。甘熙宅第为甘熙之父甘福修建，又称甘熙故居、甘家大院，始建于清朝嘉庆年间（1796—1820 年），俗称"九十九间半"。甘氏父子曾遍访吴越，收集书籍十万册，清道光十二年（1832）建藏书楼，名为津逮楼。

甘熙，字实庵，生于 1798 年，1838 年中进士，与历史上有名的曾国藩，还有李鸿章的父亲李文安是同榜进士。甘熙是晚清南京著名文人，曾对南京历代掌故、民风民俗、街巷名称沿革等仔细搜罗考证，编撰了南京方志著述多种。

甘熙宅第由毗邻的四组多进穿堂式古建筑群构成。古建筑占地面积 9 500 多平方米，建筑面积 5 400 多平方米。宅第建筑群中建筑均坐南朝北。甘熙宅第规模宏大，历经甘家几代人建设完成，因此在院落组合上具有一定的灵活性，其南北纵向空间组织较为严谨，而东西横向空间组织便稍显散漫，使建筑群内空间丰富多变。但其在意中央轴线，在此讲究对称布局，主次分明、中高边低、前低后高。宅第整体为多进穿堂式建筑，由多重院落组成，院落为典型的南方"四水归堂"形制，体现了甘氏家族"以聚为本"的家族经商理念。院落轴线上依次有门厅、轿厅、大厅、响厅、内厅等建筑，还有主人房、佣人房、厨房、备弄及其他服务用房等建筑。建筑群内虽有房间"九十九间半"，但却只设一个主入口，想进入宅内，必须通过该入口，体现了中国封建家庭不另立门户的传统观念。几组房屋最终均通向宅第东南角落所营建的花园。

宅第每组建筑之间均有马头墙相隔，庭院及天井内铺地均以石板、砖、瓦或卵石等拼成图案，空间较大的庭院内点缀有山石花木。建筑的门窗、梁枋、天花、栏杆、隔断、铺地等处均有木雕或砖雕装饰，特别注重厅堂梁架的细部雕琢。其上所饰题材丰富，有人物、花鸟、走兽、文字、民间故事、神话传说等，图案精美、寓意吉祥。建筑特色南北交融，既有北方的大气，又有南方的雅致。建筑布局严格按照封建社会的宗法观念及家族制度而布置，讲究子孙满堂、房的位置、装修、面积、造型都具有统一的等级规定。整个建筑的特点就是"青砖小瓦马头墙，回廊挂落花格窗"，回廊、门窗、挂落都饰以精致的木雕，而木雕图案也具有较强的文化品位伦理观念。

甘家大院能完整保存至今，与甘家自古是戏曲世家有关。抗战期间，该地曾是南京新生音乐戏曲研究社的活动场所，戏曲大师梅兰芳经常光顾此地。甘家三子为金陵名票甘律之，甘律之的妻子是著名的黄梅戏表演艺术家严凤英。抗战期间，因日本军官非常喜欢中国京剧，大院一直受到保护。现还留有严凤英故居。

"九十九间半"是民间说法，多指南京地区规模较大的多进穿堂式民居，中国最大的宫廷建筑是故宫，号称"九千九百九十九间半"，最大的官府建筑为孔府，号称"九百九十九间半"，而民居则最多不过"九十九间半"，其实甘熙宅第房间数量比九十九间半还多。甘熙故居共有三百多间房屋，因皇家规定民间住宅不得超出百间，甘熙曾在朝为官，深知法规，故对外宣称"九十九间半"。

甘熙宅第内除了甘家历史陈列之外，同时还是南京市民俗博物馆、南京市非物质文化遗产馆，可供游客学习参观。

二、总体评价

甘熙宅第与明孝陵、明城墙并称为南京市明清三大景观，具有极高的历史、科学和旅游价值，是南京现有面积最大，保存最完整的私人民宅。特别是"九十九间半"大规模的清代私人住宅，具有很高的古典建筑艺术价值；作为戏曲的主阵地，也具有很高的戏曲艺术研究价值；木雕装饰精巧，基本上都体现在回廊，门窗、挂落之上，对于研究清晚期的江南民居具有一定的参考价值。几百年来甘氏家族代代以"友恭"精神为家训，世代书香，诗礼传家，自清代以来成为以藏书、文学、地学闻名的文化世家。

建筑地址：南京市秦淮区中山南路南捕厅15号、17号、19号和大板巷42号（图3-95 ~ 图3-103）。

图3-95　甘熙宅第15号入口

图3-96　宅第内的园林景观

图3-97　宅第内的门窗雕刻局部

图3-98　举行重大活动场所的友恭堂

图3-99　宅第内的门窗雕刻

图3-100　腰檐枋脏话门窗的雕刻

图3-101　严凤英故居

图 3-102 戏曲资料展厅

图 3-103 宅第内的民俗博物馆

第十二节　南京瞻园（南京）

一、沿革概况

瞻园是南京现存历史最久的一座园林，至今已有六百余年的历史，江南四大名园之一，是国家级文物保护单位，以欧阳修诗"瞻望玉堂，如在天上"命名。瞻园曾是明朝开国功臣徐达府邸的一部分，也是清朝各任江南布政使办公的地点，也是南京保存最为完好的一组明代古典园林建筑群，与无锡寄畅园、苏州拙政园和留园并称为"江南四大名园"。瞻园面积约两万平方米，共有大小景点 20 余处，布局典雅精致，有宏伟壮观的明清古建筑群，陡峭峻拔的假山，闻名遐迩的北宋太湖石，清幽素雅的楼榭亭台，勾勒出一幅深院回廊，奇峰叠嶂，小桥流水，四季花香的美丽画卷。

园虽不大，却颇具特色，坐北朝南，纵深 127 米，东西宽 123 米，总面积 15 621 平方米，其中建筑面积 4 260 平方米。园内有乔灌木 810 株，竹类面积 400 平方米。山、水、石是瞻园的主景，东瞻园有太平天国历史博物馆、江宁布政使衙署史料展、甘棠楼、雪浪石、一览阁等，西瞻园有南假山、北假山、静妙堂、逐月楼、临风轩、环碧山房、正草堂、梯生亭等景点。大门在东半部，大门对面有照壁，照壁前是一块太平天国起义浮雕，大门上悬一大匾书"金陵第一园"。

太平天国历史博物馆位于瞻园东部与东北部，此原为江南行省与江宁布政使署之建筑，由照壁和五进庭堂组成。进门正中是一尊洪秀全半身铜像，院中两边排列着当年太平天国用过的大炮 20 门。二进大厅上"太平天国历史博物馆"与"太平天国历史陈列"匾额为郭沫若题写，是一座馆园合璧的博物馆，东侧是五进气势雄伟的古建筑群，为展区部分。太平天国历史博物馆是中国收藏太平天国文物最多、史料最丰富的文博单位，是中国唯一的太平天国专史博物馆。它里面陈设着太平天国时期的很多建筑部件，较为典型的就是双龙戏球枋梁，雕工精细，气势宏伟。因是皇家之地，龙凤统计纹样随处可见，一排隔扇都运用了凤与龙的图案进行雕刻，并进行了描金。

环碧山房是瞻园旧景之一，坐西朝东。室内一座宽约五米、高两米多的木雕屏风非常气派，正面精雕细刻的是瞻园旧景，背面是一篇《部分恢复瞻园历史风貌记》，介绍了瞻园的历史沿革、扩建经过等，正门为拐子龙落地隔扇门。

逐月楼是瞻园中体量最大的一座建筑，为登高观景的两层五开间歇山式建筑，其中东侧的船舫雕刻精美，为这一区域景区的亮点。画舫三面临水，舫首东侧仿跳板之意，设平桥与岸相连。舫首开敞，筑一小月台，可品茗赏景。舱中落地花格窗，造型古朴高雅，装修精致。匾额由清代书法家杨沂孙（江苏常熟人，道光年间举人，官至凤阳知府，工于钟鼎文、篆书、隶书）题写，"盈盈一水间"取自《古诗十九首·迢迢牵牛星》，两边的对联为"一窗秋月伴读书，半池春水好煮茶"。匾额之下为圆形飞罩喜鹊登梅图案木雕，象征喜事连连、好运到来。三面挂落上是松鼠葡萄图案木雕，象征丰收、富贵、多子。船舫的北面通过门洞和框槅组合，使空间互相渗透，层次变化极其丰富，景的深度感极其强烈。

静妙堂建于明代，为三开间附前廊的硬山建筑。檐口高 3.82 米，面积 195.75 平方米，室内以隔扇划厅为南北两鸳鸯厅。东西山墙均开小窗，南北皆为落地隔扇门。厅南建月台与坐栏，可观水池游鱼与南假山景色，为瞻园观景西瞻园全貌。

南京瞻园是南京市最大的江南私家园林，是明朝时期朱元璋给他的功臣徐达使用的私家宅院，整个宅院景色优美，布置与格局颇具特色，属于典型的江南园林式风格。

二、总体评价

瞻园某种意义上不能代表江南的园林，因为它背后有着更深层次的意义，它曾经是明朝第一功臣徐达的王府。整个瞻园的花园又是完全的江南园林的风格，曲径通幽、禅房花木、亭台楼阁、雕栏玉砌、柳暗花明又一村的各种设计巧思。不仅外观漂亮还富有内涵，属于典型的历史与自然相结合的园林。现在的瞻园还辟出一处作为太平天国历史博物馆，里面有明朝时期的江宁布政司展示馆、太平天国历史展览区等诸多区域，瞻园除了江南园林的视觉上的欣赏之外，还有历史科普性，太平天国历史博物馆是中国收藏太平天国文物最多、史料最丰富的文博单位，是中国唯一的太平天国专史博物馆。对于明朝历史、太平天国历史有较高的研究价值与历史价值。

建筑地址：江苏省南京市秦淮区瞻园路 128 号（图 3-104 ~ 图 3-112）。

图 3-104　金陵第一园——瞻园正门口

图 3-105　深院回廊园林景光

图 3-106　洪秀全半身铜像

图 3-107　园内建筑落地槅扇

图 3-108　龙凤图案描金槅扇

图 3-109　双龙戏球枋梁

图3-110　拐子龙落地隔扇门

图3-111　船舫外景

图3-112　喜鹊登梅图案圆形飞罩

第十三节 吴道台宅第（扬州）

一、沿革概况

吴道台宅第建于 1904 年，坐落在江苏省扬州市区泰州路中段，扬州人称其为"吴家大院"，除住宅部分外有一花园，又称其"芜园"。吴道台宅第是扬州晚清时期著名民居，被誉为"晚清江南三大名宅"，与杭州胡雪岩故居、无锡薛福成故居齐名。

光绪二十四年（1898 年），扬州人吴引孙补授浙江宁绍道台，在这里度过了 11 年人生最美好的年华，政治抱负在这里得到充分施展，财富也得到极大增加，而吴氏家族也由此走向了辉煌。光绪二十五年（1899 年），49 岁的吴引孙卸任宁绍道台转赴广东按察使时，出于喜爱、充满寄托、倍觉留恋，于是他在 800 千米外的故乡扬州，原汁原味、如出一辙般地仿造了宁绍道台府——吴道台宅第，如同一首凝固的诗，巍巍于古运河畔。

推开吴道台宅第厚重的宅门，人们不禁被兼收宁波、扬州两地特色的传统建筑风格所吸引。整个吴道台宅第为长方形大院落，四周均为青砖垒砌的高大风火墙。东西长 80 米，南北宽 70 米，原有房九十九间半，现今仍保存有 86 间。现存的第二条轴线至第五条轴线均为住宅部分，现存建筑有大门厅、测海楼、小洋楼、观音堂、大仙堂、爱日轩、轿厅、仪门、照壁等。宅第规模宏大，结构精巧，雕工精致，保存完好，以浙江建造法则为基础，又融合了扬州传统的建筑风格，为扬州古建筑中独具一格的住宅建筑群。中轴线上有门厅、西式楼、朱雀厅、凉厅、鱼池、测海楼等建筑，西部为内宅，前后三进，周以回廊，以开阔的石板天井相隔，高大宽敞。门厅是砖刻门楼，配以两个圆形大石毂，气势宏大。鱼池由矩形花岗石砌成，长方形，四周置镶花铁栏杆，池水与宅外水域相通。鱼池之大，为扬州之最。

从东大门西行数十步，便至门堂。门堂两侧各立一齐人高的石鼓，托以卷云石雕基座。门厅上置卷棚，拱式轩梁，其木雕之精美，令人叹为观止。梁柱下端为云纹石雕鼓磴。门墙下为青石基座，浮雕上有香炉、汉瓶、喜鹊登梅等图案，再上是磨砖起线滚头镶框，中嵌磨砖几何图案。入门厅，见一方宽敞的天井，左右各有廊房三间，西南厅房五间，廊东有耳门通东北隅的鱼池、测海楼。

道台府有一座上、下两层的测海楼，这实际是吴家的藏书楼，测海楼含学深似海、学无止境之意，是晚清海内民间四大藏书楼之一，也是我国现存最好的个人藏书楼。清宣统二年（1910 年），吴氏编辑的《扬州吴氏测海楼藏书目录》共 12 卷，藏书 8 020 种，计 247 759 卷，其藏书数量是同为四大藏书楼宁波"天一阁"的三倍之多。后来，测海楼的藏书皆散失，除少部分流失海外，其余一部分存于北京图书馆，一部分存于台湾。"有福读书堂"在测海楼底层，取有福方读书之意。现在宁波天一阁"千晋斋"厅馆内陈列的资料中，在一个石刻上写有"清光绪十五年—二十五年，吴引孙聘浙东工匠在扬州建吴道台宅第，其藏书楼也仿天一阁"。测海楼虽仿宁波天一阁所建，但没有完全照搬天一阁的建筑格局，两者平面布局不尽相同。宁波天一阁为六开间，但吴道台宅第为五开间，单数为阳，双数为阴，取面阔一顺五间即为阳数，这是封建社会官宦人家砌房造屋的规矩。

殷实的家境，20 余万卷的藏书，浓厚的学风，使吴氏后人在学界成绩斐然，曾走出了"吴门四杰"，为全国罕见，吴氏家族也因此被人尊称为院士家族。政府在吴氏宅第建筑的基础上取了其中的部分建筑建成了扬州的"院士博物馆"。

二、总体评价

吴道台宅第为光绪年间浙江宁绍道台吴引孙聘请浙江工匠在扬州修建的一座私人宅府，融入了中国古典建筑与西洋古典建筑的特色。吴道台宅第展现了中国古典文化与旧时官府文化的精髓，是不可多见的古典建筑之一。其规模之大、构架之奇、文史之丰，在扬州清末住宅中堪称首屈一指。特别是门厅，砖雕、石雕、木雕三位一体，可以说是扬州唯一。门厅之上浮雕图案有数十种之多，内容涉及植物、动物、器物和人物，其寓意除吉祥安泰外多是"官场语言"，有平升三级（瓶上插三杆戟）、翎顶辉煌（瓶上插三根羽毛）、一品清廉（一枝荷花）等。虽说是典型的浙派建筑，但因建于扬州，它的建筑细节也多多少少体现出不少的"扬州元素"来，如用材上，宁波房子地面大多以石料铺就，吴道台宅第也用了不少石料，同时宅第内的朱金木雕也是宁波建筑的一个特色，这都印证了其与宁波建筑的一脉相承的关系。

建筑地址：江苏省扬州市广陵区泰州路 45 号（图 3-113 ~ 图 3-121）。

图 3-113　侧海楼立面

图 3-114　小洋楼外景

图 3-115　宅第大门厅

图 3-116　爱日轩隔扇

图 3-117　大厅轩廊顶木雕装饰

图 3-118　建筑装饰部件木雕

图 3-119　有福读书堂内景

图 3-120　垂花柱头木雕装饰

图 3-121　轩廊中梁枋博古纹样木雕装饰

第十四节　扬州汪氏小苑（扬州）

一、沿革概况

汪氏小苑坐落在江苏省扬州市东圈门历史街区东首地官第 14 号，因主人姓汪，住宅为主，苑则相辅，苑面积不大，故称汪氏小苑。小苑占地面积 3 000 余平方米，遗存老房旧屋近百间，建筑面积 1 580 余平方米，是今存扬州大住宅中最为完整的清末民初盐商住宅之一。

其宅特点是房屋布局规整，装饰雕琢精湛，庭园玲珑精巧，文化底蕴深厚。汪氏小苑以其独有的特色和鲜为人知的盐商秘闻多年来吸引了许多中外游客来访。小苑坐北向南，住宅横为三路并列，东、中、西三纵，中纵为正堂，西纵是女眷生活场所，东纵为客厅、伙房等。正厅旁厢边廊，堂后寝室耳房，体现尊卑有等、男女有别的封建伦理观念。汪氏小苑分为构屋取奇数组合，体现了奇数为阳，偶数为阴的神秘风水意识，充分体现了古代中国劳动人民的聪明才智和艺术创造力。

汪氏小苑的主体建筑成九宫格的布局，第一横排当中的树德堂是接待客人的屋子，汪氏小苑屋子内的雕花床，木雕门罩都非常精美。

进入春晖室，见明间海梅花梨浮雕屏风，虽经百年沧桑，但油光如初，光彩照人。屏风下裙板木雕为"狮子盘球""聚宝盆""万年青"等，异常精美。中嵌大理石天然山水画六幅，如峰峦夹涧，如飞瀑溪流，如龙蛇游走。篆写阴刻楹联，匾额似画龙点睛，加之两次间的柏木精致透雕花罩，增添了春晖室古朴典雅的气息。通过春晖室次间柏木透雕花罩和屏风后飞罩及厢房过道口飞罩讲究装修雕琢精湛，说明汪氏小苑木雕、石雕、砖雕、装修、墙面（例福祠、门罩）、地面（例庭院花街）综合巧妙运用、交相辉映。其艺术风格既不同于北方繁复，又有别于南方细腻，兼有徽雕影响又自有个性，表现为精巧、洗练，技法多样，有阴雕、平雕、浅浮雕、深浮雕、单面透雕、双面透雕。用材广泛，木材用料有海梅、花梨、楠木、柏木、杉木、花旗、松等。题材丰富，有吉祥如意、几何图案、飞禽走兽、花鸟鱼虫、人物山水。寓意深刻，有松鹤延年（松、鹤）、岁岁平安（瓶上插花）、四季平安（瓶中插四季花）、子孙满堂（松鼠、猴子、葡萄）、凤戏牡丹（凤凰、牡丹）、榴开百子（石榴）、莲生贵子（莲子）等吉祥寓意。

进入后花厅静瑞馆，静瑞馆中冰裂纹飞罩采用的是单面透雕的手法，中心海棠内木雕三组人物：中为"福、禄、寿"三星，寓意"三星高照"，右为"刘海戏金蟾"，左为"文王求贤"（"姜太公钓鱼，愿者上钩"）。西侧一组落地罩木雕是"岁寒三友"松、竹、梅的组合，藤攀古松，老竹嫩笋，梅花初开。木雕用珍贵的金丝楠木，采用双向透雕技法，构图细腻，刀法精练，线条流畅，反映了当时木雕工艺水平的精良，被专家们称为不可多得的精品。

船厅从其造型布局来看，南首为船厅，中为船帮，北为船尾。这是依地域范围而建的形式。其船厅木雕海梅花罩亦很精致玲珑，上有"凤戏牡丹"，下有"狮子盘球"等吉祥寓意花鸟飞禽走兽。海梅木雕罩阁上代表着"连子""万代子孙"的松鼠、葡萄、葫芦等，刻工精美。透过东向玻璃窗扇可欣赏雅致小庭园内的假山、花木。若在此品茶休闲，别有雅趣。

汪氏小苑的房屋布局体现了儒家中庸之道的思想，比例均衡，通风采光充足，纵横互联相通，内外分合自如，是扬州大宅门传统格局形式之一。走在苑中，各处都有精美的木雕、砖雕、石雕装饰，再加上中西合璧的风格，小苑虽小，但处处都透着主人的心思。

二、总体评价

汪氏小苑里木雕门罩都非常精美，门窗雕刻非常精细，都有较好的寓意。如进入汪氏小苑的大门，屋檐下装饰着草龙草凤，正面为一排猴面，中间夹着枫叶，意为"世代封侯"。汪氏小苑中"堂""厅""馆""室"的区别显示的是长幼有序；住房分配和活动区域的划分显示的是男女有别；建筑格局、房间数量、梁架的使用又显示了奇数为阳的思想。小苑中建筑与园林的完美结合是游园又安居的一举两得之便。文史蕴含深厚，门楣、石额、匾额、楹联包含书法"楷、隶、行、草、篆"，都出自名家佳作，用典精巧，耐人寻味，且与汪氏小苑内环境融为一体，相映成趣。小苑中的木雕、砖雕、石雕艺术非常精致，这些无声的建筑语言都寄托着一个家族对未来的希望和梦想。

建筑地点：江苏省扬州市广陵区东圈门历史街区东首地官第 14 号（图 3-121 ~ 图 3-130）。

图 3-121　汪氏小苑入口

图 3-122　门口正前方墙壁嵌福祠

图 3-123　一进树德堂院落

图 3-124　小苑内的玻璃窗槅

图 3-125　廊轩荷包梁梅花纹雕刻

图 3-126　树德堂内景

图 3-127　小苑里的雕花床

图 3-128　春晖室内的透雕花罩

图 3-129　屏风后隔扇花罩

图 3-130　小苑里的门窗裙板木雕

第十五节　口岸雕花楼（泰州）

一、沿革概况

口岸雕花楼始建于清代乾隆四年（1739 年），建楼的主人是泰州口岸镇一位姓姚的木材商人。姚氏初建的楼面东而置，重檐硬山，上下两层，面阔五间，即东楼。1912 年，该楼易主于从事港口运输发家的当地富豪李松如。李氏对该楼进行扩建，使原来单一的楼房变成了一座四方楼，面积扩大了两倍之多。李氏在扩建楼屋和园林时，不惜重金，请来苏北和苏南的名匠，精心设计改建，历时 3 年多才建成。据说仅木雕一项，就请了两桌（16 人）雕工，雕了 3 年。

雕花楼呈四方形，由前后两幢各 5 间的二层主楼和左右各 3 间的厢楼组成，中间是天井，四周围以楼屋。进入楼内，满眼的雕花构件，令人眼花缭乱。雕花楼最精彩的木雕工艺见于天井四周与二楼回廊连接的花板，集中了内容极丰富、工艺极精细的数十种雕刻花纹，围绕着天井的东、南、西、北四个面连续展开，把雕花楼装饰得富丽堂皇，打扮得花团锦簇。

朝东的立面有 3 组与 3 间楼屋等宽的雕花板。左、右两组花板上分别雕有扇形、梧桐叶形等图形框，一片一片的莲花花瓣围绕在花框外，里面则是麒麟、蝙蝠、仙鹤、凤凰、佛手等图案。当中两条龙护卫着一座名楼——"黄鹤楼"。南、北两个侧面的雕花板与朝东的花板相接。南立面当中雕刻一座重檐门楼，一只口衔一串铜钱的蝙蝠飞临门下，4 只蝙蝠向门楼飞来，构成"五福临门"的祥瑞气象。左边一长块花板上雕有 10 只梅花鹿，或奔跑，或跳跃，或凝神，或回顾，十鹿寓意"食禄"，出人头地，食用国家俸禄。右边长块花板上也刻有一片山林，6 只山羊悠闲自若，它们头都朝向天空中的一个"日"字。山羊和太阳象征"三阳开泰"，不过一般只有 3 只羊，而这里有 6 只山羊，可能是取"三阳开泰"和"六六大顺"两重意思。北立面雕刻花纹与南立面遥相呼应。一座重檐六角亭内立有 1 只鸾鸟，一边亭柱上系马，一边狮子盘球，四周是松树、灵芝，还有衔灵芝的鸾鸟从天空飞来。图案外的一侧雕着一座桃园，树上挂满成熟的大桃，5 只猴子有爬树的，有摘桃的，有捧桃子的，有吃桃子的。桃示长寿，猴谓封侯，用桃用猴，意在升官添寿。一侧雕葡萄园，5 只小头尖嘴大尾巴的松鼠穿梭园中，活灵活现。左边长花板上雕 4 头牛抬头望月，大概是"犀牛望月"的谐音；右边则雕有膘肥体壮、神态各异的 8 匹骏马。天井西立面雕花布局与表现形式和东面相同，但花纹图案的立意却同中有异。居中的花围墙里雕的是 4 柱 3 门式的弧形大门。中门抹角边柱顶上各雕一盆万年青，弧形门框上雕二龙戏珠，边门柱顶上各雕一只葫芦。两边花板上，雕有停在树下的凤凰、立于枝头的锦鸡，憨厚的大象和笑容可亲的豹，全都形象逼真、栩栩如生。此外，还有表示棋、琴、书、画的画面雕刻，增添了不少书卷文人之气。

围绕天井四周的雕花板，大多是质地优良的柏木，采用的是高浮雕手法。紧连着这些雕刻花板的楼下廊檐部位，则是大面积的镂空雕刻挂落。漫步于楼下回廊间，抬头仰望又厚又宽的梁面雕刻，低头俯视整齐排到的门窗裙板，一个个历史人物呼之欲出。例如，周敦颐、陶渊明、王羲之、林和靖组成的"四爱图"；更有三国戏文，如三顾茅庐、东吴招亲等。其表现手法多种多样，有圆雕、透雕、浅浮雕、高浮雕、镂空雕及线刻多种，工艺精湛，独具匠心。

二、总体评价

口岸雕花楼，被誉为"江左第一楼"。雕花楼内部类似四合院的天井，是雕刻最为精华的地方，四面皆为造型精美、技艺精湛的木雕大作。雕花楼各具特色，一是雕刻题材广泛，民间所有表现祥瑞的传统图案几乎都和谐地显现在各个构件上。二是雕刻工艺精湛，木雕的各种表现手法，如圆雕、透雕、浅浮雕、高浮雕、镂空雕及线刻几乎都能看到。三是建筑布局讲究，如天井四周格扇的隔心，楼上全是圆的，楼下都是方的，象征"天圆地方"。四是雕件多样化，除了木雕，另有砖雕、雕塑。至今能够保存的如此完好的古雕花楼实属不易，曾三次受到磨难。一是抗战时，两枚日军炮弹击中楼外园林，毁坏惨重；二是解放战争时期，国民党一百军十九师驻在楼内，马匹、军车再次伤害园林；三是"文化大革命"期间，损毁了少数砖雕。时代的前进，给雕花楼送来了和煦的春风。2004 年 10 月，高港区政府投资 100 多万元，对雕花楼进行了揭顶大修。技艺高超的雕工，认真修补了所有雕刻花纹，用化学与人工相结合的方法，去除了涂抹在雕花花板上积得很厚的陈年老油漆，全部雕花构件已重新焕发了青春。

建筑地点：泰州市高港区向阳支路（图 3-131 ~ 图 3-141）。

图 3-131　古雕花楼入口处

图 3-132　李如松所造的沐雨舫

图 3-133　南立面左边局部木雕装饰

图 3-135　雕花楼天井木雕装饰

图 3-134　南立面木雕装饰

图 3-136　雕花楼里花草纹样裙板

图 3-137　雕花楼里戏曲人物题材裙板

图 3-138 雕花楼主楼大厅陈设

图 3-139 进入古雕花楼的过厅

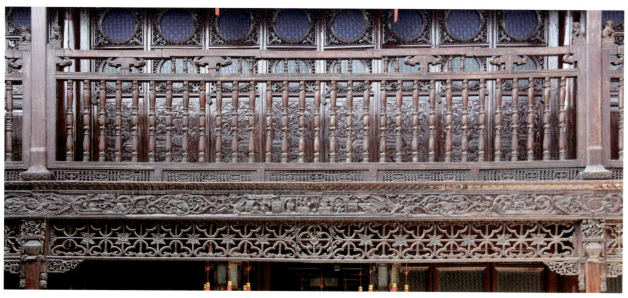

图 3-140 东立面木雕装饰

第十六节　兴化李园船厅（兴化）

一、沿革概况

李园位于江苏省兴化市区武安街西侧，始建于清咸丰年间，原为清代扬州富商李小波的私家花园，是一座设计风格独特、建筑技艺精湛、独具地域特色的水乡园林。因地形狭长，其有"余园半亩"之称。

大门朝东，过门厅为一方天井，有南、北花厅。园内自东至西布有既分又合的三个院落。东院建筑主要有方亭、船厅、方厅。方亭位于院落的东南角，与船厅之间连为单坡屋面，下以走廊相衔接。北部为船厅，厅因其形似船而得名，其厅形似船状，船首向西，船尾向东，呈"L"字形，共七间，卷棚歇山顶，为园中最富特色的古典建筑。所有园门题额均为清代名家刘墉（石庵）、阮元、吴让之所书，有亭翼然，楼屋数楹，环绕竹林间，以湖石铺行道。南侧有一长形踏板，形似跳板。整个船厅酷似画舫停泊在花亭树荫之下，情趣盎然。

船厅西去隔一堵高大的围墙，原为明代所筑监牢，为化解镣链不祥之音，李小波聘请各地园林设计名流，集姑苏、淮扬园林建筑之精华，建造这座别具一格的船厅。船头正对监狱方向，铁镣之声化为一帆风顺的锚链之声。

推开雕花门，步入船厅，精雕细镂的隔舱花板上镌刻着藤蔓婆娑的葫芦、鸣鹿和山鹤，谐寓传统之"六合"吉祥之意。花板将船厅分成东、西两个书房。书房迎面一幅巨型的水银镜，象征主人为人的清明坦荡，虚怀若谷。人在镜前，五脏六腑被荡涤一清，让人顿生清静寡欲之情，脚下飘飘然，似羽化而登仙。醒目抬头间，只见巨镜之上高悬着一块黑底绿字匾额，上书苍劲古朴的"沧浪画舫"四个大字。顺手推开窗棂，只觉凉风习习，异香扑鼻，举目远眺，"岸"边枝叶摇曳，花影扶疏，耳闻泉水叮咚，脚下流水潺潺，浑身颤悠荡漾，如置舟中，别有一番情趣。续向东行，过左、右两扇门而入东厅，明显觉察从原书房的东西向瞬间变成了南北向，其意为大千世界，万象变幻，需审时度势，小心从事。晚清著名书法家吴让之手书"谅斋"小型扇面镶嵌在雕花园门之上，又将东厅分为南、北两个不等的大小厅。这里平时乃主人与客家买卖交易的场所。"谅斋"即"相互体谅、谦让，有话好说"之意。逢年过节，这里便又成了家人尝鲜品茗、欣赏民乐和传统小唱、休闲娱乐之所。

南院，天井南侧为坐南朝北的桂华楼。面阔三间，上下两层。内悬彭国良先生题书的"桂华楼"匾额。北侧花墙下有高大的花台，植有桂花、石榴、黄杨等古树名木。桂华楼楼梯门上方嵌有刻石，为清代著名书法家刘墉（石庵）所书"台榭如富春，时至则有；草木知名节，积久乃成"。方厅天井西北角有通北园的小门，朝东的门楣上方嵌有清代书法家阮元书写的"吟春"石额。过此门可入北园，原园内曾有土山，山有凉亭，在20世纪50年代已被拆除。

明清时期，兴化隶属扬州，扬州为盐商云集之地。"扬州八怪"之郑板桥、李鱓即为兴化人，历史上扬州与兴化文脉相连，兴化也成为很多当时扬州盐商置业栖居的理想之所。李园更是晚清商业经济的产物，也是历史上兴化商业经济兴衰的见证。1934年，李小波之子李梅阁因家道衰落，以正价5 800大洋将李园出售给兴化县（现为兴化市）商会。1989年，李园西北角的监狱拆除，改建成博物馆，1993年博物馆扩建后，与李园通连和谐为一体。李园现由博物馆管理，是兴化文化旅游的重要景点。

二、总体评价

借园林建筑之艺，寓景、情、理、趣为一炉的李园船厅是一个冷门的景点，如果不去兴化市博物馆及兴化县署，肯定不会去李园船厅。船厅设计精巧，雕刻精致，构造奇特，为典型的扬州园林建筑风格。整个李园建筑群有方亭、船厅、方厅，之间有长廊相连，其中建筑面积最大的为船厅，船厅内共7间房屋，在船头方向的室内，保存有完好的楠木雕落地罩门，因价值不菲，已用玻璃进行了保护，楠木雕刻的荷花造型逼真、栩栩如生。来到船尾的房间，抬头往房梁的方向望去，可看到与众不同的四块玻璃，这四块玻璃皆是当时从法兰西进口而来，从左往右依次绘画有"春兰、秋菊、冬梅、夏荷"，画作生动传神，惟妙惟肖，让人为之惊叹。正如资料上所说："李园船厅"整个建筑仿佛一艘大船，船头向西，船尾向东，船厅南侧有一长形踏边，形似跳板，两边是走廊，厅顶为卷棚瓦顶，玲珑精致，船头外面有花台，缠绕的紫藤树干好似缆绳系在岸边，整个船厅似一艘装饰典雅的大船，荡漾在花草树木之中。

建筑地点：江苏省兴化市区武安街西侧（图3-141～图3-149）。

图3-141　园内景门与裂纹装饰

图3-142　船厅东边书房雕花圆门

图3-143　船厅一侧的槅扇门

图3-144　船厅之船头

图3-145　园内亭阁

图 3-146　船厅之船舱楠木雕落地罩门

图 3-147　船厅之船舱内景

图 3-148　船厅东边书房内景

图 3-149　饰以雕刻的景窗

第十七节　丰安鲍氏大楼（东台）

一、沿革概况

鲍氏大楼位于东台市安丰镇，是乾隆时期安徽棠樾籍人士驻扬州的两淮盐务总商鲍志道之弟鲍志远于清道光三十年（1850 年）营建，前后历时十多年时间，据说当年的鲍氏大楼由钱庄、店铺、住宅、花园、库房等组成。大院高墙四围，设内外墙门二重，外墙门南向，位于东首，内墙门东向，与外墙门成直角，门内共南北二进。第一进大厅，对面为杂屋。第二进为楼厅，中间有墙门相隔，天井狭长，两厅均为抬梁式结构，用料硕大，楼厅用月梁。在第二进西侧上下厢房的砖墙外，辟有暗门可通向隔壁花厅，花厅西侧原有更大规模的楼房，已毁。整个面积 435 平方米，装修精致，砖雕木雕尤为精美，具有徽式建筑特色。

整座建筑，高墙叠屋、青砖水瓦、绛红门套、木构棂窗，与镇上所有老屋建筑形制不同。稍作留意，建筑形式多处契合苏北家院传统风格，多处又有徽派建筑的基因，两者互为融合。不同之处，这里是清一色的清水砖墙，皖南那边的民居多数却是"粉墙"，二堂中厅内中布局和陈设，特别是宣忠堂，更活脱一个安徽大户人家的章法，气度不凡。

安丰的起源其实跟盐有关，所以研究安丰不得不提盐场。据考证，明清时期，安丰盐业极盛，雄居"淮南中十场"之首，其时八方商贾云集，建成七里长街，形成九坝十三巷、七十二个半庙堂、千家店铺的恢宏景象。既反映出清末当地商品经济较发达的历史，又给人以美的享受，具有重要价值。鲍氏大楼就是安徽盐商鲍志远来安丰建造的钱庄，徽州风格，苏淮风情，鼎盛时有房屋二百多间，目前尚存六十九间房屋，里面布局井然，构造坚固，精细精致，巧妙地将古代徽州建筑和苏北地方文化融为一体，无论是建筑规模，还是精美程度，在苏北地区是罕见的。

鲍氏大楼，古朴而厚重的宅子呈现在大家眼前。视野所及之处，原汁原味的旧式民居建筑，到处弥漫着冷峻和穆然的气息，装饰上也算豪华，木雕装饰也带有徽州风格，同时也有江南园林木雕之特色。一砖一瓦，一阶一梁，飞檐雕柱，形态各异，墨朱色漆的大门，镂空的木窗，脚下平整的青石板，都让人不由得遥想起这里曾经发生过的生活场景。从南门楼进入鲍氏宅后，首先看到的是砖细贴面的砖雕二门，是整个建筑的大门，坐西朝东取紫气东来之意；砖细贴面既宏大又简洁，门罩上方的砖雕福寿富贵穿插在万字纹中，寓意万代富贵。采用砖仿木结构的飞檐代替木结构是防止雨水侵蚀而专门设计建筑的。

大厅即正厅是主人接待官商说话的地方，既显示身份，又要显示家世显赫，所以主人在建筑时采用四根金丝楠木立与堂中四方，在建筑术语中为典型的四点金，台阶院内全部青石铺就，寓意金玉满堂（古语云：玉石玉石，玉即石，石即玉）更加显出了整个大厅的气势。大厅屋架采用七架九起双层，在盐城地区仅此一处。屋面前为船篷，迎客轩代表水，后面杣板屏门代表山，托梁做成斗，代表日进斗金，双层屋面冬防寒夏清凉，置身其中，定能感受非凡。从厅内侧门进入后，直到三进二屋楼房，为主人及女眷居住之地，墙下檐板采取砖细刻花，在整个江苏能用砖细贴面的屈指可数，就连园林之最的苏州，也只有几处采用砖细贴面建筑风格。

一、总体评价

鲍氏大楼气势恢宏，黛瓦灰墙，门罩上额的精细砖雕，院内的木雕隔扇门窗都让我们为之一震，与历经战火几乎重建的兴化安丰（北安丰）相比，南安丰是相对幸运的。这座大楼是一组较大的清代鲍氏徽式建筑群，论建筑、论装饰在东台，甚至在苏北也是首屈一指，特别是将木雕工艺发挥得淋漓尽致，门楹、隔扇、漏窗、掌拱，无一不精雕细镂，将整个建筑烘托得富丽典雅。鲍氏大院整体为典型的徽式木架结构，但每一进的建筑风格又不尽相同。尤以大厅的建造最具徽州特色，最为气派典雅。木雕精美雅致刀工密腻，既彰显了大户人家的富庶之气，又流露出徽商良好的文化底蕴。虽说是沉睡在历史长河中的建筑工艺，但它不能只是一些有着时代印记的符号，更是一种对传统文化的追溯和缅怀。

建筑地点：盐城市东台市安丰镇通榆路151号（图3-150 ~ 图3-157）。

图3-150　大厅正门棠樾高风

图3-151　如意纹门隔扇

图3-152　一进四水归堂天井院

图3-153　落地长窗隔扇

图3-154　大厅对面杂物间（现为展厅）

图3-155　隔扇门花卉裙板

图 3-156　宝相花纹样裙板　　　　　　　图 3-157　梁架木雕装饰

第十八节 水绘园水明楼（如皋）

一、沿革概况

是明末清初江南才子冒辟疆与秦淮佳丽董小宛栖隐过的如皋水绘园。水绘园是苏北平原上一颗璀璨的明珠。水绘园以水为贵、倒影为佳、既秀且雅，而其以园言志，以园为忆，并融诗、文、琴、棋、书、画、博古、曲艺等于一园的特色又足以说明它原来是一座饶有书卷气的"文人园"。

水绘园位于如皋城东北隅，始建于明朝万历年间，原是邑人冒一贯的制业，历四世至冒辟疆时始臻完善。冒辟疆将旧园重整，赋予思想，精心增饰，在园中构筑"妙隐香林""壹默斋""枕烟亭""寒碧堂""洗钵池""小语溪""鹤屿""小三吾""波烟玉亭""湘中阁""涩浪坡""镜阁""碧落庐"等10余处佳境。清初名士陈维崧在《水绘园记》中写道："绘者，会也，南北东西皆水绘其中，林峦葩卉块扎掩映，若绘画然。"明朝灭亡后，冒辟疆心灰意冷，把水绘园改名为水绘庵，决心隐居不仕。当时名士钱谦益、吴伟业、王士祯、孔尚任、陈维崧等纷纷前来如皋相聚，在园中诗文唱和。时人说："士之渡江而北，渡河而南者，无不以如皋为归。"水绘园盛极一时。

清朝乾隆二十三年（1758年），盐运副使汪之珩恢复水绘园故楼。楼成之后，他夜间登楼赏景，见月光倒映于洗钵池水面，不禁想起唐代诗人杜甫的名句"残夜水明楼"，于是定名为"水明楼"，知县何廷模特为之题额。

水明楼为画舫式建筑，南北长约42米，宽不超过5米，由南而北，依次构筑有前轩、中轩和楼阁。它们之间以九曲之弯的回廊相衔，轩阁之间以蕉石竹树，显空美之气。信步入内，使人有咫尺之间有境界无穷之感。前轩内悬冒辟疆与董小宛的黑白画像，游人至此，不免对他们的爱情故事浮想联翩。中轩部分凭借隔景窗，巧妙地分隔成内室、内道与外廊3个虚空间。内室安置的红木竹罩最引人注目，它是以4块红木整板雕绣的竹石图立面，其叶叶清晰，刀刀分明，细枝楼空剔透，形态逼真，就像是一片片真的竹叶粘贴上去的，据说当年工匠花了1000多个工日始成。透过临池漏窗和花墙，可见池水、小船、池岸，让你似感"人在舟中，舟行水上"。小桥流水，碧波柳荫，亭台楼阁……尽收眼底，令人心旷神怡。

楼西隐玉斋，因宋代文昭公曾肇幼年读书于此而得名。庭院内有古桧一株，相传为曾肇与其父亲所植，距今已有990多年，仍枝盛叶茂。

水明楼作为后人景仰才子冒辟疆人品气节的见证，无疑已成为水绘园不可分割的一部分。室内画梁雕栋虽油漆斑驳，但依然可见能工巧匠的精湛技艺。一片粼粼碧波托起一叠青砖细瓦明式平房、一座木格绣楼，鳞次栉比，错落有致，远看酷似一艘航船停泊在明镜之上。这艘航船从300年前烟雨迷蒙中驶来，载着一对颇有名气的才子佳人，载着他们美丽旖旎的风流韵事。

如果说水是楼的翅膀，那么楼就是水的脊梁。这木结构的绣楼玲珑精致，如同一件放大了的黄杨木雕，人上去都生怕自己粗笨的脚板踩坏了这件艺术品。水明楼在全国园林中虽不能说绝无仅有，但也是难得一见的，是中国园林艺苑里的一首抒情短歌，一件微雕精品。

二、总体评价

水明楼是国保水绘园古建中的重中之重，只有200多平方米，但在有限空间竟然能构筑得如此精美工巧。水明楼的妙处是接着洗钵池的水面，就其建筑本体而言，并没有苏式建筑的灵动多变，反而有些规范的感觉。但参观这座小楼，还是会给我们留下比较好的印象，特别在木雕装饰方面，相对苏北地区来说，已算是雕刻精致，也比较有代表性，而且所用的雕刻题材都与冒辟疆所在环境的文化相关，如红木竹罩雕刻，竹就是不畏风寒、高贵气节的象征。水绘园以其独特的建筑风格和深厚的文化底蕴，成为如皋这座历史古城乃至苏北平原的一枝奇葩。

建筑地点：江苏省南通市如皋市碧霞路299号（图3-158～图3-167）。

图3-158　画舫式建筑水明楼

图3-159　水绘园外景

图3-160　水明楼入口

图3-161　红木竹罩前额

图3-162　水明楼里的隔扇门窗雕刻

图3-163　动物纹样绦环板 拷贝

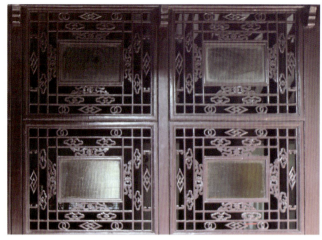

图 3-164　如意纹与玻璃结合的门窗

图 3-165　羲之爱鹅裙板雕刻

图 3-166　水明楼里的门窗玻璃隔心

图 3-167　红木竹罩（竹石局部）

第四章
明清浙江建筑木雕装饰赏析

第一节　虞氏旧宅（慈溪）

一、沿革概况

虞氏旧宅位于慈溪市龙山镇伏龙山南麓的山下村，系昔日上海滩闻人、工商巨子、近代"宁波帮"代表性人物虞洽卿的故居。虞洽卿（1867—1945），出生贫苦，7岁时父亲病故，与母亲和3岁的弟弟相依为命。在上海发迹后，虞洽卿曾任上海总商会会长、全国工商协会会长、上海公共租界工部局华董、上海反日援侨委员会主席等职。他一心想接母亲去上海纳福，无奈老人乡情难舍，遂出巨资在家乡为她盖了这座豪宅，让母亲"叙天伦之乐"，取名"天叙堂"。天叙堂的匾额系晚清著名的书法家、道人李梅庵所书。

虞氏旧宅坐北朝南偏东20度，整个建筑由相对独立的两部分（前幢与后幢）共五进建筑组成。前三进以中式传统风格为主，有抬梁穿斗式梁架、精雕细琢的船舶蓬轩前廊、气势恢宏的走马楼以及凤戏牡丹等传统题材雕刻，一袭古韵。后二进为西洋风格建筑，有堆塑西式花卉的墙头、雕饰垂幔纹的檐柱、色彩艳丽的马赛克地面及简洁典雅的室内壁炉，一派洋风。前后两部分之间以一条宽3.5米的长弄相隔，前窄后宽，形似"吕"字。

前幢始建于1916年，1919年竣工。临河，由照壁、大门（含门厅）、厅堂、后楼及厢房等组成。梁、枋、门楣、牛腿等处均有浅浮雕等雕饰。题材有凤凰牡丹、鹿含灵芝、博古、岁寒三友、四君子、杏花、海棠及三国故事、西游记故事等，寓意吉祥如意、富贵长寿、多子多福及褒扬孝悌忠信、礼义廉耻等。厅堂正中原挂有"天叙堂"匾额，"天叙堂"也是虞宅的代名字。后幢建造始于1926年，1929年竣工，由高大的院墙（大门）、主楼、后楼组成。该幢建筑总体来说呈西式建筑风格，但又有明显的传统建筑的色彩，中西合璧，做工讲究。后幢与前幢建筑处在同一条轴线上，两者相距约四、五米，格式相似，均为九间二弄。正门设在院墙的正中，外观为磨砖制成的字匾，镌"福禄欢喜"四字，上下额枋、花板、垂花柱上雕饰梅、兰、竹、菊等花草及人物故事等。正门的东西两侧对称设有掖门，门的外观也为衣锦架势，西掖门字匾上题"增荣益誉"四字，正门与掖门之间还设有二道小门，与前幢后楼的小门相对，上架有天桥，与前幢后楼沟通，天桥前接厅堂两边的夹屋，后连后幢的主楼、后楼。天桥上装有天棚，这样从前幢的大门进宅后，可以一直通到后幢的后楼，在雪雨天气，穿堂过户可不走湿路。

纵观天叙堂建筑群，中轴线上前后有建筑五进、每进为九间（除大门外），几近"九五"这个传统中尊贵的数字，不知是偶然的巧合，还是有意识的安排。天叙堂除在建筑装饰上具有较高的艺术价值外，还有一个很大的特点，即中西合璧。传统的建筑风格与外来建筑文化的完美结合，天叙堂的后幢建筑在格局上采用了有明显中轴线、自成院落、有高墙护围等传统手法。在装饰艺术上吸取了我国传统手法，希腊、罗马的科林新、塔司干、爱奥尼和巴洛克、西班牙、复古主义等的艺术风格，广采博取，风格独特。前幢的后楼与后幢的院墙入口处有一个巧妙的过渡，与之一弄相隔的后幢西式建筑的大门却是正统的传统做法，但其高墙上部却是外来的图案装饰，这样西含有中、中纳有西，中西建筑文化巧妙糅合在一起，使人感到自然、协调，而不觉突然。

虞氏旧宅建筑无论石作、砖雕、木雕、梁架还是混凝土，都用料讲究，精工细作，特别是主楼的混凝土结构和装饰，70多年过去了，至今很少见到开裂、酥化、脱落现象，马赛克地面和墙面瓷砖至今仍完好如初，色彩鲜艳。混凝土檐口线条棱角分明，廊柱柱身、围墙上部等处的混凝土塑成的毛茛叶、卷草纹、垂幔等装饰工整饱满，其精湛工艺令人叹为观止。

二、总体评价

虞氏旧宅系"宁波帮"代表人物虞洽卿赴上海经商发迹后在家乡营造的中西合璧的庭院，整个建筑融中国传统建筑和西方建筑艺术于一体，规模宏大，风格独特，工艺精湛，代表了当时建筑工艺所能达到的较高水平，是中国近代优秀的建筑，它为研究我国近代建筑发展史提供了实物例证。整个建筑群在布局上以一条中轴线贯穿始终，主次分明，过渡自然，是近代建筑中西合璧的成功范例，体现出 20 世纪 20 年代中国的建筑设计师对外来建筑文化的理解和把握能力。随处可见的梁、枋、雀替、门楣、连楹、柱子等雕刻精细，图案讲究，可惜有些人物面部惨遭破坏，面目全非，但总体而言仍具有很高的历史、科学、艺术价值。

建筑地址：浙江省宁波市慈溪市龙山镇山下村洽卿路 16-18 号（图 4-1 ~ 图 4-10）。

图 4-1　虞氏旧宅门楼

图 4-2　中西结合的室内装饰

图 4-3　后幢传统大门且高墙里是外来的图案装饰

图 4-4　天叙堂内景

图 4-5　轩廊顶木雕装饰

图 4-6　欧式风格的雕刻艺术

图 4-7　檐下整面梁枋雕刻

图 4-8　檐下牛腿花篮斗雕刻

图 4-9　雕刻精美的轩廊空间

图 4-10　檐下荷包梁雕刻

第二节　庆安会馆（宁波）

一、沿革概况

庆安会馆，即天后宫（天后，俗称妈祖），位于浙江省宁波市区三江口东岸。为甬埠行驶北洋的舶商所建，始建于清道光三十年（1850年），落成于咸丰三年（1853年）。既是祭祀天后妈祖的殿堂，又是舶商航工娱乐聚会的场所。是中国八大天后宫和七大会馆之一，也是江南现存仅存二处融天后宫与会馆于一体的古建筑群之一。2001年6月，庆安会馆作为清代古建筑，被国务院公布为第五批全国重点文物保护单位，现改建为全国首家海事民俗博物馆，展出各个朝代的船模。建筑装饰采用砖雕、石雕和朱金木雕等宁波传统工艺，堪称宁波近代地方工艺之杰作，有着重要的历史文化价值。

庆安会馆坐东朝西，规模宏大，占地面积约为5 000平方米。沿中轴线有宫门、仪门、前戏台、大殿、后戏台、后殿、前后厢房等建筑。天后宫内建有前后分别为祭祀妈祖和行业聚会时演戏用的两戏台，为国内罕见。庆安会馆是宁波古代海上交通贸易史的历史见证，也是妈祖文化的物证。庆安会馆还是浙东近代木结构建筑典范，保存有1 000余件朱金木雕、200多件砖雕和石雕工艺品，采用宁波传统的雕刻工艺，历百余年寒暑仍不失奇妙光彩，体现了清代浙东地区"三雕"工艺技术的至高水平。不仅有很高的观赏价值，还为研究我国雕刻艺术提供了实物例证。其中，朱金木雕主要使用在建筑各类构件上，以民间故事、戏曲人物为主，大多采用高浮雕和镂空雕相结合的工艺技法。经过油漆、贴金、拔朱、上彩等步骤，显得富丽堂皇、高贵典雅。

砖雕是庆安会馆建筑主要的装饰手法之一，主要分布在门楼和高大的马头墙上，雕刻的笔法细腻。画面充分运用我国传统的立体布局，众多的人物层次分明地并列于画面上，栩栩如生。内容丰富，大多选自民间传说和戏曲中的传奇人物，如八仙、三星、九老等，还有花鸟动物。大殿原系祭祀天后的神殿，高约10多米，明间和次间各有一对蟠龙柱，柱上倒挂式苍龙威风凛凛，张牙舞爪，这是采用镂空雕刻的形式，在整块石料上一气呵成，现形体于青石之外，寓玲珑于浑厚之中，与此相呼应的凤、凰两柱也是采用这种雕法。与龙、凤柱相近的两侧墙面上，分别嵌有一高、宽均为1.5米的浅浮雕石刻，把古杭州的山水、楼台、西湖十景和玉泉鱼跃，淋漓尽致地展现在眼前，使细腻的浅刻法与龙凤柱豪放浑厚的风格形式鲜明的对照。在等级制度森严的封建时期，包括房屋飞檐上蹲着几只小兽都有严格的规制，龙凤麒麟一类的瑞兽图案在建筑中是不能随便使用的。随着从"天妃"到"天后"地位的攀升，在天后宫里使用龙凤的装饰，就不算是逾制之举。戏台顶部的藻井俗称鸡笼顶，其制作更是巧夺天工，它是用千百块精致的狭长盘花板接榫、拼搭而成的，穹隆形的圆顶玲珑奇妙、变化多致。梁、枋等构件上的朱金木雕，富丽堂皇，精美绝伦，充分显示着宁波工匠的聪明才智。庆安会馆为宁波港口城市的标志性建筑，也是"海上丝绸之路"重要的文化遗存。

二、总体评价

庆安会馆的建筑多为明清时期所造，典型的大殿大院气派，面宽为五开间，明间为拾梁式，次间为穿斗式。该建筑最大的特色是采用了宁波传统的朱金木雕、砖雕和石雕的建筑装饰手法，使整体建筑气势恢宏、金碧辉煌。匠心独用的砖雕、石雕和朱金木雕令人赞叹，题材有《西游记》中的人物、《红楼梦》中的人物，还有八仙过海中的人物，堪称宁波地方工艺中的杰作，是清末宁波商帮行业聚会的场所。庆安会馆内的砖雕、石雕和朱金木雕珍品，具有重要的观赏价值，也为专家、学者研究中国江南清代道光与咸丰间的雕刻艺术提供了实物资料。庆安会馆是宁波港口城市的标志性建筑，是昔日宁波港与海外各国通商，贸易和友好往来的历史见证，是我国近代繁荣的海外交通、贸易重要实证。

建筑地址：浙江省宁波市鄞州区江东北路156号（图4-11～图4-19）。

图 4-11　庆安会馆之仪门

图 4-12　庆安会馆全景

图 4-13　会馆内檐下木雕装饰

图 4-14　会馆后戏台

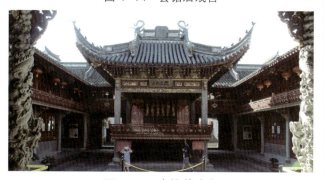

图 4-15　会馆前戏台

图 4-16　厢房一角

图 4-17　大殿一角

图 4-18　戏台藻井装饰

图 4-19　仪门前的轩廊

第三节　前童雕花楼（宁海）

一、沿革概况

前童古镇，地处浙江省宁波市宁海县西南，面积 68 平方公里，人口 2.6 万，是一个历史悠久、文化积淀深厚、地理环境独特的江南古镇，先后被命名为浙江省历史文化名镇和浙江省旅游城镇。是浙东地区保存至今的一座最具儒家文化古韵的小镇。前童是童氏后裔的集聚地，自南宋绍定年间在此定居后就勤耕好学。明初，童伯礼两次礼聘方孝孺讲学于石镜精舍，共同奠定了诗礼名家的基础。自此，遵循引水植树优化环境、耕读敦睦、训育后人的美德，历代人才辈出，形成了“小桥流水遍庭户，卵巷古院藏艺文”的古文化风范。是一座不凡的江南明清时期的民居，是一幅古韵浓重、活色生色的乡村画，是一段美轮美奂的江南丝竹调。始建于宋末，盛于明清，至今仍保存有 1 300 多间各式明清民居。走进那里“家家有雕梁，户户有活水”，八卦水系，流水哗哗，碧水幽幽，流遍家家户户，不似水乡，胜似水乡，是欣赏浙东民俗文化的好去处。

村落按“回”字九宫八卦式布局。童姓祖先按照八卦原理，把白溪水引进村庄，潺潺溪水挨户环流，人人可在溪水中洗菜净衣，家家连流水小桥，户户通卵石坦途。青藤白墙黑瓦，石头镂花窗户，雕梁画栋门楼，苍凉中显现出昔日曾经的繁华。老街两旁都是长板门面的店铺。紧邻老街是一幢幢至今保存完整的古建筑群，梁枋门窗上满是雕饰，精巧的跃鱼马头墙和脊塑墙花具有独特的地方风格。马头墙是古代江南富户官宅威势的象征，据说级数越多，职位越高。墙面嵌着雕花石窗，外墙上塑浮雕文字，墙尖塑着冲天而起的跃鱼和飞龙，寓含“鲤鱼跳龙门”之意。门柱上那两只活动的倒挂狮子，门墙上一对瓷盆中各饰有 5 只飞舞的蝙蝠，象征着五福临门。

古镇中有两个景点特别会吸引游人的眼球，一个是泽思居，一个是民俗博物馆。

泽思居建于清代初年，2002 年修复，这栋宅院坐北朝南，由正屋和东、西厢房、倒座组成。因原来主人官居一品，故又称“宰相府”。走近泽思居，可以发现此宅檐头四柱，马头墙高耸，整个建筑气势恢宏。院内厅堂轩敞，廊柱挺拔。雕刻复杂是此宅的特点，雕花廊檐、雕花大轿，还有雕花门窗，图案极为精细复杂，整栋房子“无梁不雕、无雕不精”，号称为“江南第一雕花大楼”。进门可以看到正梁上刻有“四仙迎宾”的典故，体现了主人的待客之道。正厅东首梁上刻有五只仙鹤，既说明了原来的主人是文官而不是武官，又体现了他“五岳朝天”的志向。从西首梁上的“百鸟朝凤”图可以看出这不是普通的官宦人家，因为这些图案并不是普通人家可以任意雕琢的。尽管房梁已经被熏得黑漆漆的，由于常年的风雨冲刷，雕梁画栋上也难以分辨出雕刻的模样，但依然能够感受到曾经雕刻的精细与考究的工艺。斗、拱、梁、枋、雀替和垂柱，无不极尽精美的雕花，或百鸟朝凤、五蝠（福）临门，或松竹莲芯、鱼跃龙门，其工艺之精、气势之大，前厅枋梁上的二十四孝纹样雕刻，三个典故一个枋面，屏风、花轿雕工精细都是江南古镇所罕见，即使与太湖雕花楼相比，数量虽稍欠，但技法之多变、气韵之生动，实在是以重复图案为主的雕花楼所不能比的，极富艺术价值和研究意义。

民俗博物馆原为童姓旧宅，新中国成立后改为粮仓，现是一个村办省级博物馆。馆内收集村民各种各样的生活用品和民间工艺品，陈列着大大小小的生活用品，桶、盆、缸、盘……这些看似司空见惯的普通器具却通过一代代的传承和发展，让世人看到了先人的勤劳和大智慧。特别是精致的“千工床”，更是浙东地区十里红装的代名词，意为需要 1 000 个工才能完成，当时一匠一日为一工，千工床需要三个木匠制作一年。陈列的千工床雕工讲究，是当地工匠手艺的经典。

二、总体评价

前童是江南文化古镇，保存着相对完好的明清古建筑群，这在宁波这样的经济发展迅速、私房改建日新月异的地区是很可贵的。古镇游人寥寥，鹅卵石铺成的路，哗哗流淌的活水，两边青砖黑瓦的老屋，保存着原生态的韵味。前童古镇，被誉为"江南第一儒镇"，木雕所选题材都体现了明清时期的儒学思想，整个建筑规划、水系设置、木雕题材都值得学习。虽然还有少数在这里居住的原住民，一半商业一半原始，既有喧闹嘈杂的一面又有古朴宁静的一面，建筑保留了明清时期的风格，集砖雕、木雕、石雕于一体，显示了"五匠之乡"的独特风采。

建筑地址：宁波市宁海县前童镇镇中心（图4-20～图4-30）。

图 4-20　前童古镇全貌

图 4-22　具有乡村气息的前童老街

图 4-21　极富喜庆的民俗博物馆入口

图 4-24　建筑装饰部件

图 4-23　文人雅士立屏雕刻

图 4-25　寿禄文字槅窗雕饰

图 4-26　前童古镇一隅

图 4-27　民俗博物馆陈列的千工床

图 4-28　泽思居里的隔扇门

图 4-29　雕饰精美的花轿与隔扇

图 4-30　二十四孝图枋梁

第四节　三门东屏（三门）

一、沿革概况

东屏古村位于三门横渡西北方向，距三门县约 30 公里。古村内有石拱桥三座，小溪坑两侧有华堂三台、敦厚堂、戏台、古民居等不少传统建筑。因村东的东坑山，形似一座帏屏，故名东屏。元朝至正年间，金华东阳人陈晋挺，任宁海教谕，他的儿子陈拱辰，在游玩东屏山水之后，爱上此地山水秀丽，资源丰富，渔盐之利，舟船通便，于是就迁居在此，为东屏村始迁祖。

村中有小溪坑成"一"字，将宅居一分为二，街道随溪坑而上，宅随地势建造，形成四合院建筑风格。据《东屏村陈氏家谱》记载，自清康熙年间"海禁"开放以来，陈氏祖先经营有方，积累了大量财富，建成了以"华堂三台"为代表的东屏民居建筑群。飞檐翘角、玲珑美观的马头墙，精雕细刻、巧夺天工的木、石、砖雕刻艺术，处处显示出庄严、恢宏的大家之气，述说着一个江南大家族曾有的气派和荣耀。东屏村历代以来人才辈出，清朝乾隆年间，武举人陈式栋，科举中浙江省第一名，全国第五名。武举人使用一柄 120 斤（600 千克）的大刀，后被朝廷任命为浙江省钱塘守备，他使用的这柄 120 斤大刀目前在该村保存完好。

明中期东屏历经倭寇肆扰，清初海禁毁村，几度荒废，重建后其村庄采用组团式布局，修建厚墙、狭巷、窄窗为代表的海防特色建筑，被誉为"中国海防文化第一村"。东屏还拥有完善的古村落建筑群、精美绝伦的、雕刻装饰等，享有"浙东传统民居博物馆"的美誉。古时"上通台温，下接宁绍，往来行人络绎其间"，东屏村曾一度是三门湾地区的一个商品集散地，更有"东屏府"之美誉。民宅错落有致，随意走进东屏的一个院落，入眼便是鳞瓦、乱石叠、雕花楼。

村中的建筑木雕数陈氏宗祠与"华堂三台"最为精致。祠堂门面上已经剥落的粉彩和精致的木雕，向我们这些远来的探访者诉说着自己曾经的辉煌。而祠堂内，无论是庄严但沉暮的正厅，还是咯吱作响的木楼梯，或是漆才斑驳的廊柱，都向我们证明了这里深厚的历史。精雕细刻栏杆窗户的戏楼，飞檐翘角、色彩斑斓的小舞台，耳旁仿佛传来江南丝竹悠扬委婉的雅韵，继而又切换成锣鼓喧天的场景，多少波澜壮阔的历史曾演绎在这方寸的小舞台。道地，在台州方言中也指自家房子前后的露天空地，如"前门道地""后门道地"。道地，也指家族聚居、邻居同住的四合院中间的场地。"华堂三台"中保存得最好的是"陈方来民居"，也称"上新屋道地"，倚奚里溪而建，这是"华堂三台"之第一台，二进制三合院，是一幢三层楼房，重檐歇山顶，称为"东屏陈氏亚魁第"，台门上有一石刻"亚魁"两字，两字中间竖立写"庚子科"三字，原来是陈式栋在清乾隆庚子年间科中式武举亚魁，所以这个道地也被称为"亚魁道地"。这座宅第建筑格局非常气派，古韵悠悠。圆鼓形的柱墩外围，雕着精美的图案。木窗上也雕有精致的图案，十分古朴。不过在"文化大革命"期间曾经被凿，只留下模糊的轮廓。但从所留下的图案轮廓中，依稀可以分辨出木窗上所雕刻的内容是《隋唐演义》中的一段故事，有点儿像连环画。"华堂三台"之第二台是老屋道地，2013 年遭遇大火焚毁，还留着一些断壁残垣，被后人称为"东方哭墙"。"华堂三台"之第三台是下新屋道地，是毁后重建的。东屏村的一个个道地，虽古旧，却非常整洁。

二、总体评价

在浙江的版图中，总是点缀着很多的古村、古镇，其中多数耳熟能详，不过在浙江的山野中，也坐落着诸多古村落，虽然它们更具历史感，更具神秘，但正是因为它们地理位置的缘故，远离了公众的注目，远离了尘世的喧嚣，所以才保留了别样的深厚，别样的古朴。东屏古村就是这样离世般的一处村落。它坐

落在浙江台州三门县横渡镇的大山深处。这里保留
的明清以来的建筑经历几百年的风雨侵蚀，仍然可
以感受到它的整体恢宏之势和布局使用上的精妙之
处，不得不为古建筑文化的精髓而感叹。陈氏后裔
凭借着聪明才智、诚实守信，通过海路对外经商，
迅速积累了大量财富，并建造了三座精美的四合院，
称"华堂三台"，"华堂三台"规模宏大，布局精巧，
各具风格，展示了我国明清时期建筑、雕刻艺术所
达到的高度。

　　建筑地址：浙江省三门县横渡镇东屏村（图
4-31～图4-39）。

图 4-31　宗祠内的古戏台

图 4-32　第一道地陈有生故居

图 4-33　"华堂三台"之亚魁道地

图 4-34　古村中毛家班婚俗馆内花床

图 4-35　古村内的门窗棂格造型

图 4-36　上新屋道地木窗雕刻局部

图 4-37　上新屋道地门窗雕刻

图 4-38　上新屋道地木窗上的隋唐演义雕刻　　　　图 4-39　陈氏宗祠敦厚堂

第五节　大田城隍庙（临海）

一、沿革概况

大田城隍庙是临海市重点文物保护单位，位于大田街道福民路东段。原建筑包括门廊、东西厢、戏台、前殿等部分，唯前殿（大殿）大部基本保持原状，其余部分均为 2007 年重修时新建。栋梁上有"清光绪十九年重修"的字样，由此可以推断该建筑建于清光绪十九年（1894 年）。据东塍屈家的《屈氏宗谱》记载，始建年份可推算至 1 600 多年以前，总面积 2 000 多平方米，是浙江省内现存档次较高、保存较完整的城隍庙。

大殿为庙之主体建筑，单檐歇山顶建筑，穿斗式结构，平面三开间，通阔 11.7 米，通井深 12.9 米，高约 8 米，其中明间宽 4 米，次间宽 3.05 米。明间无中柱，六架梁，次间七架梁，为"三间面七步架硬山顶宫殿式结构"。屋脊有两龙相对，屋脊瓦片之上左右又各塑一条游龙，栩栩如生，呼之欲出。殿内柱子均为石柱，共 26 根，柱径 26～36 厘米。柱子中有 22 根为素面，无雕工。前檐有 4 根粗壮石柱，浮雕盘龙，间以云彩，造型粗犷又不失精细，气势逼人，布局合理。柱础分六角和圆形两种，安放在承托盘之上，部分亦雕有花卉走兽或其简易图案。正堂悬书有"神而明之"古旧匾额，题款已不可辨。左间则悬有一块"威震三台"崭新匾额，为屈氏后裔"祈奉坦公寿辰纪念"而制。

大殿内的木雕装饰也是该建筑的一个亮点，建筑各部件雕刻精细，前檐石柱的前面饰以人物牛腿，两边饰以人物雀替，牛腿上部饰以象头琴枋，檐柱与金柱的梁枋上，瓜柱承接轩廊顶为狮子雕刻，廊下一分为三，每一部分都设置成不规则形状的图形，中间上下为人物雕刻，左右上为象头雕刻，下为动物雕刻，依次有龙、麒麟、狮子、马等图形。明间的梁架上木雕装饰烦琐，各个建筑部件均刻有众多精美浮雕，内容有神话人物、历史故事和民间传说，场景较为壮观，大的枋面人物可达数十人之多，如"范蠡送西施""晏平仲送穰苴下山"等，很多题材在其余建筑上很少见到。同时，建筑四周及顶部木板上有大量彩画，藻绘各种历史故事和神话传说，繁复而精美，多已斑驳，但还可清晰地看出当时画师之功底。

大田城隍庙原有后殿（高塘宫）已毁，现已在重修的城隍庙以西新建高塘宫，有宫及戏台各一座。创办于清宣统元年（1909）的大田小学（其前身为敬业初等小学堂）校址就设在大田城隍庙后宫，后城隍庙遗存的大殿一直在小学校园内，直到 2005 年 9 月小学全面搬迁至大田下街村。城隍庙也曾短暂作为临海县府机关，据《临海县志》记载："1949 年 6 月 27 日建立县人民政府，机关设在大田城隍庙，同年 7 月建立城区人民政府，直属台州专署，1950 年 5 月划归县管辖，此时，县人民政府移驻城关。"

城隍庙是供奉城隍神的地方。台州的城隍神为屈坦，屈坦即屈惠坦，为三国孙吴时屈晃之子。屈晃本汝南（今河南境内）人，仕于吴，孙吴时官至尚书仆射。因废立太子孙和惹怒孙权，殿杖一百，斥还田里，此后寓居台州。后孙和儿子孙皓深感屈氏"志匡社稷，忠谏亡身"之德，遂封屈晃之子屈绪为东阳亭侯，而屈坦因远离朝廷，又无意仕途，仍奉其母终隐于台州。从此，台州屈氏渐成大姓，并且也是我们目前可知的台州现存诸姓中的第一古姓。现临海市东塍镇有屈家村，村中建有屈氏家祠。

为了更好地保护民族特色建筑和民间传统文化资源，2005 年以来，当地政府拨款对其进行修缮，由大田街道办事处牵头，多村协作，有关企业、各界人士及广大群众捐助支持，对这座独具民俗性符号价值的大田城隍庙进行恢复修建。

二、总体评价

临海是国家历史文化名城，唐代以后一直是台州府治，台州府在南宋时为畿辅，临海作为其治所，在各方面均有较大提升。其拥有众多的文物古迹，素有"小邹鲁"和"文化之邦"的美誉，形成了名城、名人、名迹、名特"四名"之城。大田历史悠久，底蕴深厚，素有"走过大田，诵过三年"的美誉。大田城隍庙作为台州标志性的文物之一，具有很高的研究价值。大田城隍庙年份不长，整座建筑雕梁画栋，金碧辉煌。建筑很有特色，保存了晚晴时期临海民间工匠及艺术家的大量作品，给我们留下了重要的文化遗产。

建筑地址：浙江省临海市大田街道福民路东段（图4-40～图4-46）。

图4-40　城隍庙大殿

图4-41　大殿内明间檐下木雕装饰

图4-42　大殿中堂梁架木雕

图4-43　大殿内轩廊木雕装饰

图4-44　廊下木雕局部

图4-45　大殿内的木雕与彩绘

图 4-46　前檐石柱上的建筑构件

第六节　庆元西洋殿（庆元）

一、沿革概况

西洋殿，又名"松源殿""吴判府殿"，系古代菇民为纪念香菇鼻祖吴三公而建的纪念性建筑。吴煜（1130—1208），南宋庆元县百山祖乡龙岩村人。他是"砍花法"人工栽培香菇技术创始人，因其排行老三，后人敬称"吴三公"。西洋殿始建于宋咸淳元年（1265年），几经变迁，于清光绪元年（1875年）由庆元、龙泉、景宁三县菇民集资重建。现今的西洋殿已是"香菇之源"的象征，在庆元众多的人文景观中，独放异彩。殿宇飞檐画栋，雕梁翘角，气势宏伟。殿旁有兰溪桥，与之珠联璧合，相映生辉。

西洋殿依山傍水，坐北朝南，建筑平面呈纵长方形，进深32米，面阔19.4米，占地面积1 200多平方米，四合寺观式建筑。中轴线自南而北依次有照壁、大门、前厅、戏台、天井、月台、中亭、厢房、正殿等，面阔均五间。殿内的梁、枋、牛腿、撑栱、雀替等构件均雕镂亭台楼阁、人物山水、花鸟动物等图案。西洋殿门石额匾上刻"松源殿"，门前照壁。正殿前分列左右厢房，厢房中心间为钟鼓楼，正殿中置吴三公像，一侧供奉着可以招财进宝、降福保安的五显神菩萨，另一侧供奉着明朝国师刘伯温的塑像，这可能与浙南一带对家乡这位传奇人物的尊敬爱戴以及奉刘基为潮神的传说有关。殿外东侧有一古井，为"运木古井"，相传建庙用的木材都是从井里涌出来的，传说颇似杭州净慈寺的"运木古井"。

尽管被古代厅堂的禁制所局限，西洋殿正殿只有五间硬山顶，但是青瓦龙脊，雕梁画栋，戏台藻井，样样不缺，个个沉稳大气。殿堂内的梁枋雀替，全都因材雕刻着不同的花草图案。每一个牛腿都描绘着一个神话人物，每一根重挑枋都讲述着一段传奇故事。每个屋脊上都有龙的形象，让原来平直的线条起伏跌宕。在进门处的上方有一个戏台，戏台前檐为秦琼、尉迟恭两门神牛腿，牛腿上面分别为三国片段回荆州、空城计典故琴枋。平时将中心台板撤掉，让下面的过道畅通，而到了唱大戏时，盖上台板就成了舞台。部件上皆是精致的木雕，生动活泼，栩栩如生，与大殿里喜庆的大红色不太一样，用了沉稳的深色。在中亭的梁枋雕刻中有一组牛头马面图案枋面，牛头马面取材于中国传统文化中勾魂使者的形象。有资料说佛教最初只有牛头，传入中国时，由于中国民间最讲对称、成双，才又配上了马面。牛头马面之说在中国民间流传，后被道教吸收，并充当了阎罗王及判官的下属。

据史料记载，西洋殿经过了清雍正七年和清光绪元年的两次重建，比兰溪桥的历史悠久。特别是清光绪元年，三县众多的进香菇民慷慨解囊，集聚巨资，筛选浙南闽北地带擅长石刻、木雕和从事土木建筑的各路名师巧匠，对西洋殿再做修葺改建，是浙、闽两地较为罕见之杰作，具有浓厚独特的地域建筑风格和民族艺术色彩，为菇乡千百年来建筑文化之精髓。建筑结构之美、木雕之精之生动、色彩之艳丽和谐，令人叹为观止、流连忘返。

殿旁的兰溪桥始建于明万历二年（1574年），清乾隆五十九年（1794年）重建。原址在下游"兰溪桥水库"储水区内，1984年按原貌迁建于此。其是一座大跨度木拱伸臂廊屋木拱桥，犹似飞虹，巧妙地把西洋殿与公路连接在一起。桥全长48.12米，宽5米，净跨36.80米，距河床高9.4米，拱架外观呈八字形，内由数十根粗大圆木纵横卯接组合而成，以河卵石墁砌桥面，有廊屋19间，面阔三间，明间为桥之通道，两次间设长板凳。梁架用九檩四柱，廊屋两侧铺钉博风板。分上、中、下三层，上层开窗，廊屋当心间藻井饰"双凤朝阳"图案。其桥体的构架在我国民间桥梁建筑史上堪称一大杰作。

二、总体评价

西洋殿在浙江南部偏远山区被保留的如此完整，实属不易。同时与处州廊桥兰溪桥相连，两座古建筑珠联璧合，极好地展示了庆元的香菇文化和廊桥文化，现在已经成为庆元的著名景观。西洋殿建筑雕梁画栋，飞檐翘角，雕刻、泥塑、彩绘等传统工艺精湛，融工程与艺术于一体，在结构功能和装饰手法上有着浓厚的建筑风格，具有重要的历史、艺术、科学价值。这两个景点位于五大堡乡境内，庆百通景公路旁的西洋村，距县城 11 公里，笔者觉得还是很值得一去的。

建筑地址：浙江省丽水市庆元县五大堡乡西洋村村口（图 4-47 ~ 图 4-55）。

图 4-47　松源殿大门与照墙

图 4-48　两侧厢房中心间钟鼓楼

图 4-49　戏台木雕装饰

图 4-50　戏台上的秦琼牛腿与回荆州木雕琴枋

图 4-51　戏台上的尉迟恭牛腿与空城计木雕琴枋

图 4-52　主殿内的建筑木雕

图 4-53　兰溪桥

图 4-54　牛头马面纹样琴枋　　　　　　　　　图 4-55　飞檐画栋，雕梁翘角

第七节　黄家大院（松阳）

一、沿革概况

黄家大院位于浙西南丽水市松阳县望松乡乌井村，同治年间开始在后院兴建"梅兰轩"和"竹菊轩"两座楼房。又于光绪年间在中院建起一座"武扶技楼"，并于 1918 年投资 55 000 块银圆在前院兴建一幢规模豪华的"百寿厅"。总体布局为前、中、后四座楼房，主人根据四座楼的功能和个人喜好分别冠以不同主题名称：百寿厅、武技楼、梅兰轩、竹菊轩。附属建筑由粮库、家祠、门楼、花园等组成。黄家大院的雕刻内容丰富，题材广泛，刻工精细，虽经风雨的剥蚀仍能想见当日的繁华与精致，而且从保存下来的木雕作品中可以反看出当时他们生活的环境、风俗习惯、伦理道德观及审美观念，充满着浓郁的历史文化底蕴。

黄家大院的"百寿厅"共有 9 个开间，因该厅是专为房主 60 大寿祝寿而建，故称"百寿厅"。装饰精美华丽，雕刻引人入胜。牛腿雕刻素材围绕"寿"字为主题，赋予寓意内涵，整个厅雕有笔画字形各异的"寿"字约 200 多个，写法却无一雷同，字与图相互勾连，在不同的寿字周围雕有寿桃、蝙蝠、松、竹及卷草纹样，在檐板、月梁各处还雕刻着精致的吉祥纹样龙、凤、狮、鹤、猴、鹿、鱼、麒麟、喜鹊登梅、凤戏牡丹等图案，在凤的周围刻有松、竹、牡丹图案，鱼的周围刻有云、浪、水草纹样，用刀劲健，线条流畅，形象逼真。檐下牛腿雕刻有灵猴捧桃、凤戏牡丹、麒麟送子、双龙布雨、年年有余、狮子绣球、喜上眉梢、梅鹤呈祥等。人物题材也是百寿厅中牛腿装饰的另一亮点，题材一般以戏剧和历史、神话故事来表达，如八仙人物、五子登科、岁寒三友等主题。人物造型夸张有节，变化有度，人物刻画不是着意雕刻五官表情，也不拘泥于人物的长短比例，而是着意表现其动态的传神写照。整个"百寿厅"的木雕纹饰精美绝伦，数量之多，令人赞叹，使人仿佛置身于木雕艺术殿堂。每个装饰纹样都蕴含着丰富的内涵，形成了一幅美丽的木雕。

从前院沿建筑轴线向北纵深展开的是中院，中院入门处是一狭长的天井，内部雕刻以文房四宝、琴棋书画为主。西边有一个方形的花园，花园边上是家祠，东面的尽头是宗祠，过道的东西两头都是门楼，将前后院连在一起，门后的弄堂和回廊穿插有致，在布局上富有空灵的诗意。门楼的雕刻以竹为主。中院为"武技楼"，雕刻主题以武技为主，门窗上雕有杂技、武术人物的故事图案。

后院分东西两幢，为梅兰轩与竹菊轩。后院的雕刻内容不同于前面，竹菊轩、梅兰轩中的木雕内容亦都切合其主题，以梅、兰、竹、菊为主要的雕刻内容，分布于窗、门、栋梁等木制实物上，尤以门窗上的雕刻最为细致精微，出神入化。竹菊轩、梅兰轩门窗装饰是这两厅的经典。作为建筑的有机组成部分，门扇木雕纹饰不仅美化了民居，还很好地满足了建筑的功能需求，具有良好的通风、采光作用。两厅的每幅门窗均讲究整体设计，构图布局对称而别致，追求点、线、面的构成与穿插，注意形式美与装饰感，以丰富多彩的各种立面图式造型来体现主人的审美品位和生活情趣。门窗多为长方形，给人以挺拔、修长之美感，就窗的形态来讲，有独立长方形和正方形，格心是门窗的构图重点，形态有圆形，长方形等，中央长方形里分别雕刻单幅图案，多采用浮雕和透雕的形式，内容形式多样化，雕刻方式采用剔地深浮雕，也有镂空透雕的，木雕的内容往往相互联系，万字、回纹、套方、冰裂、宫式、书条、龟纹常用于门窗隔扇，窗格之间嵌有小若指尖的蝠、蝶、鱼、壁虎、石榴及雀、鹿、蜂、猴图案，栩栩如生，惟妙惟肖。四扇窗用梅、兰、竹、菊四君子题材装饰，极具形式美与装饰感，并反映了户主的爱好和性格。檐柱门窗木雕有不少古典故事：盘古开天、精卫填海、三顾茅庐等，构思极为巧妙。门窗虽无斑斓丰富的色彩，却不失富丽堂皇的气派，与建筑其他部分的雕刻交相辉映，形成了强烈动人的艺术氛围。

黄家大院的牛腿、雀替、隔扇上的木雕无论如何精巧，都不施以丹青，给人一种朴素、庄重、文雅、率真的美感。其保持了材质的天然纹理和本来色彩，充分体现了材料的质地之美，体现了超然淡泊的耕读格调。

二、总体评价

黄家大院特色突出，建筑装饰别具一格，四座楼都以符合各厅主题内涵的纹样进行装饰，构思新颖，具有独特的地方色彩和浓郁的乡土气息。每座楼的建筑木雕工艺精湛，尤其是牛腿、抬梁、窗花上的木雕装饰纹样风格独特，堪称浙西南木雕一绝，是民间艺术中不可多得的艺术珍品，也体现了木雕艺人高超的文化修养和才智。如此精美的木雕艺术折射出了浙西南民间浓郁的文化内涵，也使松阳黄家大院载入了中国古民居建筑的史册。

建筑地址：浙江丽水市松阳县望松乡乌井村（图4-56～图4-57）。

图 4-56　双龙布雨牛腿

图 4-57　年年有余牛腿

图 4-58　黄家大院之百寿厅

图 4-59　百寿厅轩廊雕刻

图 4-60　梅鹤呈祥牛腿

图 4-61　百寿厅之梁架雕刻

图 4-62　竹菊轩门窗雕刻

图 4-63　武技楼门窗雕刻

图 4-64　黄家大院之百寿厅（局部）

图 4-65　竹菊轩门窗雕刻结子

第八节　龙游古民居苑（龙游）

一、沿革概况

　　龙游古民居苑位于浙江省龙游县灵江畔的鸡鸣山，鸡鸣山是龙游古城一处著名的人文胜迹，据说这里曾发掘了新石器时代至商周时期的古文化遗址，北宋丞相吕大防（1027—1097）讲学的鸡鸣书院和元初天文学家赵有钦的观星台也建在此处，而且当然鸡鸣山恬静幽雅的自然风光引来了历代文人骚客的驻足赞咏，"鸡鸣秋晓"在清代被命名为龙游十二景之首。时光荏苒，很多遗迹已经无法找寻，如今山中尚存部分名人摩崖石刻、明代风水塔和抗战时期的一座碉堡为"原生文物"，主角"龙游民居苑"是古建筑异地移建的汇集，为全国最早两处古建筑异地搬迁复建工程示范点之一（另一处是安徽歙县潜口民居）。古建泰斗罗哲文为"龙游民居苑"题写了匾额。乡土建筑保护之父、清华大学教授陈志生曾说："在这种无可奈何的情况下，易地保护是一个最佳选择，虽然是万不得已。我一进鸡鸣山，老实说，就大喜过望。原来迁建来的建筑物可以组成这么自然、这么优美、这么诗情画意的群体，而且他们在拆迁过程中对建筑物年代的判定和一些构造细节都做了深入的研究。"

　　龙游古民居苑始建于1991年，这些古建筑多散落在龙游乡间，或雕梁画栋，或年代久远，却因各种原因无法原地保护，在国家文物局和省市文物部门的指导下在鸡鸣山实行迁建异地保护。现有古建筑28幢（含鸡鸣山原有建筑2幢），其中明代13幢，清代13幢，民国2幢。明代建筑为巫氏厅、邵氏民居、翊秀亭、劳氏民居、项氏民居、马氏宗祠、过街楼、槐庭、邵氏卸厅、仁余堂、戴氏民居、照墙和鸡鸣塔。比如，马氏宗祠原建于詹家镇马叶村，始建于明崇祯十六年（1643年），两进三开间，前厅设倒座戏台，两进明间均用抬梁式，五架梁对前后双步梁，天井左右为过廊，上部设楼，所有檐柱用讹角方石柱，所有牛腿系1914年重修。清代建筑为高冈起凤、滋树堂、汪氏民居、灵山花厅、雍睦堂、龚氏民居、枕溪书院、陈氏宗祠、傅家大院、慎思堂、吴氏民居、聚星堂和杨氏店铺。比如，高冈起凤原建于横山镇高山顶村，原为张氏宗祠，始建于元末，清康熙年间重建，原为三间三进两天井，后进倒塌后未复原，其门楼用重檐歇山顶，飞檐翘角，雕刻精美，用亭台楼阁与人物故事题材的牛腿雀替。又如，龚氏民居原位于龙游县横山镇脉元村，清代咸丰年间建，建筑面积288.9平方米，二进三开间，前厅后宅配置，是龙游住宅民居的典型代表。建筑第一进设天井，天井两侧楼上作厢房。柱为垂莲柱，柱上置牛腿，垂柱与金柱上部的似答牵构件上有双狮戏球的镂雕，狮身上刻有二枚古币图案，中有"咸丰通宝""癸丑仲秋"字样，木雕图案精致，造型生动，图案逼真，人物形象栩栩如生。民国建筑为余氏民居和碉堡。比如，余氏民居原建于横山镇龙门桥村，原有三进，只迁建前两进，为四合院式走马楼，穿斗式结构，凡牛腿、雀替、梁枋均布满木雕，以婺剧戏曲人物故事为主，雕刻工艺精湛。2013年，龙游古民居苑被公布为第七批全国重点文物保护单位。

二、总体评价

　　龙游古民居苑是国内异地迁建保护古建筑的成功典范，从选址、断代、搬迁到复建都经过缜密严谨的研究与规划，这些古建筑门类丰富，风格统一，与周边环境融为一体，是集学术、休闲于一体的综合性文化景观。龙游古民苑的古建筑以朴实端庄的造型、井然有序的平面和巧夺天工的雕刻闻名遐迩。民居苑内的很多建筑不但代表龙游县建筑的最高水平，而且对研究地方戏特别是研究婺剧发展史提供了宝贵的依据。龙游民居苑是中国乡土建筑保护的一个缩影。

　　建筑地址：浙江省龙游县宝塔路46号（图4-66～图4-73）。

图 4-66　余氏民居檐下木雕

图 4-67　余氏民居牛腿木雕

图 4-68　务本堂正厅梁架

图 4-69　务本堂正厅牛腿木雕

图 4-70　苑滋树堂砖外景

图 4-71　马氏宗祠内景

图 4-72　马氏宗祠牛腿木雕

图 4-73　高冈起凤门楼木雕

第九节　三门源叶氏民居（龙游）

一、沿革概况

三门源是首批中国传统村落和第四批中国历史文化名村，该村三面环山，山涧溪流自北向南穿村而过，环境恬静秀美，沿溪两侧巷道分布，卵石路面，粉墙黛瓦，形成了风味浓郁的乡间聚落景观。村中以叶、翁两姓为主，溪西为叶姓家族居地，宋咸淳六年文彬公为第一世祖，溪东属翁姓家族范围，"翁氏宋避方腊之乱，迁居龙游三门源"，据说三门源之名来源于翁氏家族在村口建有山门和墙垣之故，两姓仅隔溪流，却和谐共处近千年。三门源村现存明清古建筑六十余幢，有祠堂、桥梁、店铺、民居等，民居式样较多，有合院民居、楼上厅、三层楼等，大多为青砖门面、木雕楹柱，典雅大方，其中以叶氏民居最具代表。

叶氏民居始建于清乾隆年间。清道光二十六年（1846年），族人叶鹤天中恩贡后增建旗杆石，原有五幢，其中两幢毁于太平天国战火之中，现存"芝兰入座""荆花永茂""环堵生春"三座主体建筑，呈"品"字形。加上庭院、花园及附属用房，占地面积达4 500平方米。其中"芝兰入座""荆花永茂"前设有前院，院墙实为装饰砖雕的影壁墙，花台、盆景和花木点缀庭院，其中两百五十多年树龄的老铁树尤为引人注目。规模最大的是"芝兰入座"，为主体建筑之中的主楼，气势宏伟，建造精致，坐落于建筑群中心，设计最为精巧，门楼为二柱三楼砖雕戏曲门楼，建筑为三进三开间前厅后楼二层楼屋结构，是民居中的杰作。第一进为单层门厅，起到过渡、交通的组织，第二进为正厅，又叫雍睦堂，重檐两层楼厅，是家族议事与聚会的场所，明间设天花藻井，天花木雕题材有双凤朝阳、八卦纹、回字纹、双环形、寿字纹等。尤其是庭院四角檐柱四只牛腿最为传神，它们采用圆雕、浮雕、透雕等多种雕刻手法将三个面连贯成一个完整的情节图案，如其中一只表现农家生活场景的琴枋，远山近水，屋舍林立，丈夫在小船上摇桨准备出行，妻子站在岸边含情脉脉地告别，把一个和睦家庭刻画地栩栩如生，加上透视明显，光影变幻，妙趣横生。人物的表情、亭台楼阁都是精心描绘的，无论是一片波纹，还是栏杆都让人赏心悦目，成为最具代表性的同一时期的木雕精品。第三进为内寝，单檐两层走马楼，是主人的私密空间，明间、次间两缝皆为七檩穿斗用五柱。檐楼天井四周用格扇窗，木雕装饰精致。一层左右设厢房，厢房靠天井处施格扇窗，雕刻技艺精湛。

"荆花永茂""环堵生春"平面布局与梁架结构一致，为两进三间一天井的合院式，建筑用单檐走马楼。明间前金柱间用以格扇门，格扇采用木雕装饰，华丽，精美。天井四隅檐柱牛腿以卷草龙雕饰，并采用人物造型装饰。二楼檐楼天井的周围则采用格扇窗，外面则用花卉格子的美人靠装饰。三幢建筑最大的特色是三雕工艺融会贯通，大门用砖雕门楼或门罩，主要以戏曲人物的砖雕镶嵌其间，木雕题材最为广泛，人物、山水、花鸟、戏曲、社会生活、回纹、卷草等应有尽有，石雕虽然不多，但是对前两者起到了合理的补充装饰。

叶氏建筑群布局严谨，造型精致，气势宏大，组合巧妙，保持了清代中晚期江南民居的典型风格。厅内的楹柱、栋梁粗壮，梁架结构独特。藻井、梁柱、走马楼及窗棂等无不精雕细刻描金彩。因采用天井调节住宅排水排气、改善室内采光，虽然墙高楼深，但空气流通畅，舒适明亮。除了木雕之外，砖雕门面还是一绝。

其中23幅婺剧题材的砖雕被誉为戏曲文化活化石，它们分别是"芝兰入座"的《尉迟恭救驾》《赵颜求寿》《打金枝》《分水钗》《过五关》《打花鼓》《金牛岭》《四进士》《紫金关》，"荆花永茂"的《渭水访贤》《三气周瑜》《白猿教刀》《过江杀相》《虹霓关》《长坂坡》《黄鹤楼》，"环堵生春"的《刘备招亲》《义释黄忠》《雪里访普》《铁笼山》《回荆州》《雌雄鞭》《龙凤阁》。

二、总体评价

　　三门源民居的装饰精美，砖雕、石雕、木雕艺术令人叹为观止。砖雕门罩、石雕漏窗、木雕楹柱与建筑物融为一体，是其建筑的一大特色。叶氏民居是浙西明清古民居的杰出代表，精巧的结构布局、精美的砖雕木雕艺术，具有较高的研究价值。三座主体建筑既自立门户又互相呼应，单体为三进两明堂、对合屋、三间两搭厢形制，是当地民居的典型做法，科学合理地利用山墙与木构架的空间设置楼梯通道，并用走马楼环绕天井四周，建筑外又用弄堂串联单体建筑，充分利用空间让建筑群有机组合，具有一定的研究价值。

　　建筑地址：浙江省龙游县石佛乡三门源村（图4-74～图4-83）。

图 4-74　叶氏民居全景

图 4-75　"芝兰入座"砖雕门楼

图 4-76　"芝兰入座"正厅外景

图 4-77　"芝兰入座"后天井木雕装饰

图 4-78　"芝兰入座"厢房隔扇木雕

图 4-79　民居内渔樵牛腿

图 4-80　"芝兰入座"正厅牛腿木雕

图 4-81　民居内的窗格绦环板

图 4-82　民居内檐下木雕装饰

图 4-83　"芝兰入座"门厅藻井木雕

第十节 南坞杨氏宗祠（江山）

一、沿革概况

南坞古村位于江山市中西部，与江西省广丰、玉山两县接壤。南宋时期，杨氏后裔尹中公迁居于此，村中人文自然景观众多，如明代的石塔、清代的古井，还有二十余幢明清民居，其中杨氏宗祠是现存年代最久远、保存最完整的古建筑，分内外二祠，相传是杨氏正室与侧室发生矛盾所为。

杨氏里祠始建于元代，现存建筑为明嘉靖、万历年间重建。祠堂坐北朝南，前后共三进三开间四天井，由门楼、前厅、过厅、中厅、寝堂、偏院等组成，地势逐进抬高。门楼采用四柱五楼牌坊式，檐下施仿木斗栱，门楣墨书"理学名宗"，正反两面的额枋上遍布高浮雕的人物故事、亭台楼阁、花鸟虫鱼等砖雕图案，可惜的是所有人物、动物的头部都毁于"文化大革命"时期。门楼内是用大块青石板铺设的狭长天井，两侧围墙则用正方形青砖斜砌。前厅在明间前檐挑出歇山门楼，檐下用斗栱，无牛腿，室内空间宽敞、用材粗大，明间抬梁式用五架梁对前后单步梁，梁栿、雀替、檩条、斗栱、天花等处均施淡雅清丽的彩绘，次间山缝用磨砖做出仿木结构的梁架，柱础瓜楞形，覆盆莲花状。中厅梁架结构与前厅类似，只是把歇山门楼移到了明间的后檐，其次间前檐还保留了八扇明代式样的四抹格子门。前、中二厅用三间纵向过厅贯通，两边原有格子门扇与左右小天井相隔。寝堂建在高台之上，用五级台阶与后天井相连，内部结构因后代维修有所改动，明间抬梁式五架梁对前单步后双单步，次间穿斗式，梁架残留部分彩绘。

杨氏外祠始建于明嘉靖年间，现存建筑为清乾隆年间重建。该祠堂坐西朝东，主轴线上有门厅、戏台、中厅、寝堂三进两天井，另有两个附属院落一同组合成规模宏大的封闭式建筑群。门厅为七开间楼屋，两翼又凸出夹房各一间，门楼是三重檐歇山顶式样，檐角起翘较大，檐下施花哨的象鼻昂斗栱，横梁、额枋、牛腿、雀替木雕双龙戏珠、仙鹤、凤凰、狮子、麒麟、梅花鹿等丰富多彩的瑞兽图案，前出廊用轩蓬顶，明间用斗栱撑托六边形天花藻井并施彩画，檐柱采用双层柱础。门厅背面向天井凸出歇山顶戏台，台面由大小十六根立柱支撑，八角藻井由二十八攒斗栱簇拥，并彩绘八仙过海图，画风脱俗，绝非一般工匠所及。戏台两侧各有厢楼三间，底层敞开，楼上用井口纹护栏，并在明间挑出歇山顶。中厅三开间，体量较大，明间前后檐都挑出歇山门楼，前后出廊用天花藻井，绘麒麟、山水、花卉等，内部梁架硕大精良，明间抬梁式五架梁对前单步、前双步、后单步用五柱，次间抬梁穿斗混合式用六柱，柱础有鼓状、礩形两种，月梁饱满并施包袱式彩绘。过后天井再上五级台阶便是寝堂，面阔五间，明间前檐出歇山门楼，前廊有八卦图案的圆形藻井，横批尚好，隔扇无存，明次间抬梁式五架梁对前单步后双单步，梢间穿斗式，木构件保存部分彩绘。两侧厢房各三间，明间出门楼，天花绘有凤凰、山石、花卉等图案。与中厅山墙相隔的两个小院各是三间两搭厢一天井布局，装修较简朴。2013 年，南坞杨氏宗祠被国务院列为第七批全国重点文物保护单位。

与江山各时期的宗祠建筑不同，南坞杨氏外祠中堂两侧设厢房，两厢房中均有天井及水池。一般宗祠建筑仿学宫泮池做法，在大门前设月池。古人考取秀才才能到县里的学宫深造，要经过学宫前的泮池，叫作"入泮"。杨氏祠堂大门前原也有月池，在宗祠中再设两水池，是对族中子弟能够读书成才的期望。另外，古代风水学上"以水为财"，这也是对家族兴旺的期盼。实用功能上，祠堂为砖木结构，设有水池方便救火。

二、总体评价

南坞杨氏宗祠是浙西规模较大、年代较早、工艺精良的宗祠建筑之一。其中里祠山墙内面用方形青砖对角斜砌、砖仿木梁架等代表了明代中后期的建筑特征，大门用四柱三间砖式门楼，题材丰富，正反面均用高浮雕技法，具有很高的艺术价值。外祠的门楼设计豪华气派，用材讲究，雕刻精细，戏台、中厅与寝堂均设有斗栱撑托的天花藻井，八角、六边和圆形等不同造型，并绘制内涵丰富的彩画，质朴高雅，各有特色。

建筑地址：浙江省江山市凤林镇南坞村（图4-84～图4-91）。

图 4-84　南坞杨氏宗祠里祠外观

图 4-85　杨氏外祠正厅外景

图 4-86　杨氏外祠木雕门楼

图 4-87　杨氏外祠戏台外景

图 4-88　杨氏外祠戏台藻井

图 4-89　南坞杨氏宗祠里祠正厅梁架

图 4-90　杨氏宗祠里祠正厅斗栱木雕

图 4-91　杨氏外祠木雕门楼局部

第十一节　礼贤城隍庙（江山）

一、沿革概况

礼贤坐落于江山的中西部，今属贺村镇。礼贤作为村一级行政机构，为何会有城隍庙，究其原因，还要从江山的历史沿革说起。唐武德四年（621年）开始设置须江县（今江山城关镇址）；五代吴越宝正六年（931年）因城南有江郎山而改名为江山县；南宋咸淳三年（1267年）县治迁徙至礼贤镇，县衙设太平寺，改名礼贤县；元至元十三年（1276年）迁回城关镇，恢复江山县；明清一直隶属衢州府，称江山县；1987年撤县设市，为县级市，属衢州市管辖。可见，江山曾在礼贤镇草创过短短十年的县治，所以建造了一座礼贤城隍庙。城隍是中国古代神话中主管某个城池的神祇。据说城隍的观念源自道教，最早关于城隍的记载出现在《周易》，祭祀城隍神的例规却到南北朝才形成。宋代，城隍被列为国家祀典，在府、州、县治所在地开始普遍兴建城隍庙，明代发展到巅峰。

礼贤城隍庙于南宋末年始建，清同治十三年（1874年）被毁，现存建筑是清光绪六年（1880年）重建，坐东朝西，平面呈"凸"字形，中轴线上有门楼、门厅、穿堂、寝堂，左右有偏院、天井等，庙前原建有戏台和萃贤亭，十几年前拆毁。门厅面阔七间，前檐用抹角方石柱，柱上有三组楷书阳刻楹联，分别是"化蒸黎庶凤称乡为齐礼，泽沛苍生今颂里以感恩""代历五朝久仰鸣琴旧治，庙间两社永瞻画阁新模""自文溪建庙毓秀钟灵迄今未艾，溯唐代封神祸淫福善亘古为昭"，明间和左右各半个次间用层层花拱撑起歇山三重檐木制门楼，第一层是硕大的骑门梁，梁上装饰高浮雕和镂雕的五狮戏球图，两端雀替为凤凰图案，第二层额枋为瑞兽图，额垫板中间为郭子仪百寿图，两侧为兵马图，四只牛腿分别为圆雕工艺的和合二仙与八仙人物，第三层在瓜柱上用捧瓶仙女的木雕装饰，骑门梁为双龙戏珠图案，额枋用仙人坐骑图案，每一层又在檐下撑托层层叠叠的如意斗拱，并把彩画工艺与木雕工艺相结合，虽已斑驳褪色，但仍显得雍容华贵。额枋、牛腿等建筑部件上遍布亭台楼阁、神话人物和花鸟虫鱼等多种题材的木雕精品，飞檐起翘，铜铃作响，颇为壮观。

门厅明次间用抬梁式结构，梢间用穿斗式，室内藻井、天花、轩蓬顶、露明月梁、斗拱、花牙子、雀替上都有彩绘，可惜多已剥落。寝堂三间，供奉"唐礼贤城隍庙神位"，这位城隍爷传说名叫严聚武，唐朝人，是个清官，当地百姓尊称他为"显佑伯"。庙里还保存了《重建太平寺记》（太平寺是当年县衙所在）、《礼贤镇城隍庙碑记》等碑刻，记载了历史上旱灾期间，村民捐助钱财和农田办庙会、修建城隍庙的时间和缘由等。礼贤城隍庙里至今香火旺盛，所有的塑像都是1994年新塑的，有阎王爷和黑白无常等30余尊，这里每年的农历五月十五和十月十五都会举行盛大的庙会，现在以香客聚餐食素为主，过去还有迎神、抬阁、踩高跷、唱戏、放烟火等传统节目。2011年，礼贤城隍庙被公布为第六批浙江省重点文物保护单位。

二、总体评价

礼贤城隍庙是衢州地区现存布局完整、保存最好的城隍庙建筑，是研究江山历史的活化石。该建筑雕刻工艺精湛，融木雕、石雕、砖雕于一体，以木雕构件最为出色，梁、枋、牛腿、雀替，雕刻人物、山水、花鸟等，动物人物栩栩如生，具有江南古建筑风格，可谓建筑艺术之珍品。今该庙已经整修，飞阁流丹，桁梁溢彩，气势恢宏。

建筑地址：浙江省江山市贺村镇礼贤村（图4-92～图4-100）。

图 4-92　城隍庙外景

图 4-93　城隍庙木雕门楼

图 4-94　礼贤城隍庙正厅立面

图 4-95　城隍庙门厅梁架

图 4-96　正厅内的梁架结构

图 4-97　木雕门楼局部

图 4-98　木雕门楼局部刘海

图 4-99　城隍庙门厅藻井木雕

图 4-100　城隍庙门楼牛腿木雕

第十二节　霞山汪氏宗祠（开化）

一、沿革概况

霞山村位于钱塘江源头浙皖赣交界处的浙西开化县西北部，村域面积 5.425 平方公里。霞山是第二批中国传统村落和第六批中国历史文化名村，古时为开化至淳安、徽州、婺源等地的古道驿站，是浙赣皖三省交界地、钱江源头、马金溪畔最大的村落，环境优美，历史悠久，文化飞地。古村落以郑、汪两大姓氏为主，据霞峰裕昆堂《郑氏宗谱》记载，郑氏先祖郑慧公于宋皇祐四年（1052 年）迁于霞山对岸石壁山，后因水患村毁，其孙郑律公于宋元丰癸亥年（1083 年）迁村至今址，为霞山郑氏始迁祖。又据槐里堂《汪氏会修宗谱》记载，霞山汪氏为唐越国公汪华后裔，始迁祖汪崧于宋庆元乙卯年（1195 年）定居霞山，两姓联姻，和谐竞争，繁衍千年。历史上有朱熹、吕祖谦、余绍宋等名人曾在此留下遗迹，如今霞山古村较完整地保存了明清及民国时期浙西山地聚落的历史原貌，老街古巷纵横交错、井然有序，宗祠、庙宇、民居、店铺、书舍、钟阁、桥亭等种类繁多的乡土建筑三百余处，规模最大且雕刻最精美的当属汪氏宗祠。

汪氏宗祠始建于元代至元庚辰年（1280 年），明正德癸酉年（1335 年）被毁，明嘉靖己亥年（1589 年）重建，清咸丰辛酉年（1861 年）又毁大半，次年复修，光绪二十九年（1903 年）重修，1917 年再修，元老于右任题写匾额"汪氏宗祠""槐里堂"。该建筑坐北朝南，前后三进，依次是门厅、正厅和寝堂。门厅面阔五间，中央三间辟大门，明间檐柱用八字外撇的人物牛腿，八仙过海、各显神通、神态逼真，可惜是被盗后新补的，骑门梁、斜栱、驼橔、雀替等也以人物和瑞兽图案为主。门厅后为倒座戏台，台面可以根据需求自由拆卸，屋顶用重檐歇山顶结构，檐下斗栱疏朗，中间匾额是蓝底黑字"清溪鼎望"，相传为族人南宋端明殿学士汪立信所书，现为后人仿写。戏台两侧题写上下场的门额"弄月""吟风"，立柱挂有楹联"舞台明辨忠奸，琼楼目睹沧桑"。戏台是整座建筑木雕精华所在。正厅面阔五间，用材硕大，气势宏伟，明次间为抬梁式，五架梁对前后轩廊，梢间穿斗式，双狮牛腿，惜为被盗重刻。戏台与正厅之间的天井两侧有穿廊，牛腿雕刻四大金刚。寝堂部分造型朴实，有"左昭""右睦"匾额，为族人汪五臣所书。

宗祠内最吸引眼球的是戏台的雕刻，尺度宏大，精细华美，骑门梁上雕刻戏曲人物，对生旦净丑各大行当，唱做念打各种艺术手段进行了综合的表现，其中旦角的轻舞飞扬、净角的须髯飘逸都表现得淋漓尽致。翼角遮椽花板上雕刻着李白杜甫饮酒对歌图，一群野鹤从诗人头上飞过，增加了神秘感，此类人文气息浓厚的雕刻内容在祠堂建筑中较为罕见。另外，门厅外的"文武双全"大牛腿也是铺华显贵，采用仰视立体散点透视法，武将在前，勇猛威武，文官在后，儒雅贤德，可惜面部受损。还有正厅前檐的一对狮子牛腿，高达 1.5 米，雌狮抱小狮，雄狮舞绣球，狮身圆润饱满，绣球中空，技艺精湛。2005 年，霞山汪氏宗祠被公布为第五批浙江省重点文物保护单位。

二、总体评价

霞山自古就是浙西通往安徽、淳安的咽喉，至今仍保留着十华里唐宋古驿道。这一带的能工巧匠常出入安徽为有钱人建造房舍，回家后便在霞山造就了连片的徽派建筑，所以现在霞山遗存的建筑风格形式都为安徽建筑风格，多为一颗印式徽派结构，粉墙黛瓦，马头翘角，错落有致。门楼、门枋有砖雕并辅以壁画，牛腿雀替、花格窗棂皆修饰得玲珑别透，鬼斧神工，令人叹绝。汪氏宗祠保存完整，为浙西地区规模较大的祠堂建筑之一，具有很高的研究价值，木雕装饰题材类型丰富，工艺精湛。门面有鹿嚼草等内容的壁画，祠堂内的牛腿雕刻精细，均取材于瑞兽、瑞禽、花草、戏曲故事，工艺水平较高，门前的"汪氏宗祠"和堂内"槐里堂"七个大字庄严凝重。霞山古村落较为完整地保存了明、清及民国时期浙西山区的历史遗迹的原貌，为研究浙西建筑的发展演变提供了实证。

建筑地址：浙江省开化县马金镇霞山村（图4-101～图4-109）。

图 4-101　汪氏宗祠外观

图 4-102　正厅全景

图 4-103　汪氏宗祠正厅前檐下木雕

图 4-104　汪氏宗祠内戏台全景

图 4-105　汪氏宗祠戏台骑门梁木雕

图 4-106　正厅内的梁架木雕装饰

图 4-107　汪氏宗祠正厅梁架

图 4-108　汪氏宗祠戏台牛腿木雕局部

图 4-109　宗祠内檐下木雕局部

第十三节　南浔古镇（湖州）

一、沿革概况

南浔古镇位于湖州市南浔区，明清时期为江南蚕丝名镇，是一个人文资源充足、中西建筑合璧的江南古镇，素有"文化之邦"和"诗书之乡"之称，出现过许多著名人物。南浔古镇景区共分三大区块，第一区块是南浔旅游景点富集区，张石铭故居（张氏旧宅建筑群）等景点分布其中，第二区块是由小莲庄等景点组成的中心景区，第三区块是以东大街以东的张静江故居和百间楼为主的东北区块。

南浔张氏旧宅建于清光绪二十五年至三十二年（1899—1906年），是张静江堂兄张石铭的私家住宅，宅内各种房屋建筑风格类型俱全，砖、木、石雕极为丰富。从张氏旧宅进去后看到的是"懿德堂"，是一座三开间建筑，中间有一字排开的木柱立地，圆石墩接地。其房间内的木门木窗及斗拱为木雕，且雕刻大有讲究，精美传神。懿德堂大厅高敞宽阔，面宽三间，通三宽10.8米，通进深13.6米。庭前畅轩、檐下斗拱、砖木构件及门窗裙板上都刻有"松鹤长青""吉祥如意"等图案，为晚清木雕之精品。大厅的明间上方悬挂着清末状元、实业家张謇所书的"懿德堂"堂匾，正中上方檩子饰有一副意喻"步步高升""平生三级"的鎏金花瓶插戟图案的包袱锦，光彩如初。

继续进入张氏旧宅后可见花厅，花厅系主人日常生活和接待宾朋之处，其楼上为眷属卧室。花厅轩廊枋下置有木雕花篮垂柱。厅内梁柱、斗拱、门窗裙板上都刻有精美的花卉图案、戏文和吉祥图案的木雕、圆雕、透雕、浮雕兼具。花厅上悬挂着康有为所书的"以适其志"匾额，下方陈列着明代著名书画家董其昌所书"酒德颂"银杏雕刻字屏。晚清诗人、书法家祁旧藻所书的"经济博通言行于行，家庭和乐质有其文"抱柱联，体现了主人的处世哲学和境界。屏门左侧陈列着晚清著名书法画家任伯年为张石铭所做的肖像画。庭前摆设落地屏风，落地自鸣钟，南屏北钟喻义着时时平安。

南浔小莲庄为晚清南浔俗称"四象"之首富刘镛所筑的私家花园，始建于清光绪十一年（1885年），后经刘家祖孙三代40年的经营，由刘镛的长孙刘承干于1924年落成。占地27亩，因羡慕元末湖州籍大书画家赵孟頫所建莲花庄之名，故称小莲庄，面积17 399平方米。小莲庄独具江南风格之美，园林风景匠心独特。刘氏家庙，是小莲庄的主要建筑群，与园林长廊一墙之隔。家庙始建于1888年，于1897年落成，为刘氏家族祭祀祖先之所。家庙坐北朝南，从南至北依次为照壁、石牌坊、门厅、过厅、正厅和馨德堂等。家庙正厅面阔三开间，明间进深五柱四间，次间进深六柱。正厅明间悬宣统皇帝御赐的"承先睦族"九龙金匾一块，以示刘家的荣耀。馨德堂在家庙正厅的北侧，该堂为楼厅建筑，底层面阔三间，周转卷棚轩廊，楼上四周有宽大的周转廊，故俗称"走马楼"。馨德堂装饰十分讲究，门窗棂心都用硬木雕出钟、鼎、钱币等博古纹饰，轩梁都饰以《三国演义》片断，雕刻特别精致，四周用卵石瓦片花街铺地。后院树木参天，湖石叠峰，清静幽雅。

小莲庄的荷池南岸主体建筑"退修小榭"，临池而建，设计精巧，是江南水榭建筑的精品。此榭的溪曲廊连"养新德斋"，是主人的书房，因院内多植芭蕉，故又名"芭蕉厅"。荷池北岸外侧为鹧鸪溪，沿溪叠有假山并植矮竹护堤，堤上建有六角亭。堤东端建有西式牌坊一座，门额上的"小莲庄"三字为著名学者郑孝胥所书。荷池东岸，原建有"七十二鸳鸯楼"，战争时被毁，其南侧有百年紫藤，似卧龙参天盘卷，枝叶茂密，伸达五曲桥顶，每到花季，即如紫色的彩带悬绕于桥顶，美不胜收。

二、总体评价

南浔古镇景区占地面积34.27平方公里，东界至宜园遗址东侧起，西古镇风光界至永安街起，南界自嘉业堂藏书楼及小莲庄起，北界至百间楼。古镇以南市河、东市河、西市河、宝善河构成的十字河为骨架，其间又有许多河流纵横交错，街和民居沿河分布，随河而走，以南东街、南西街为串联，构成了十字形格局，街巷肌理完整，河道水系基本保存。除了张氏旧宅和小莲庄，古镇的其余建筑还颇有时代风格，如刘氏梯号、张静江故居、丝业会馆等，其间的木雕亦非常精美，值得一看。

建筑地址：位于湖州市南浔区，周边城市的游客可选自驾，申苏浙皖高速、申嘉湖高速都从南浔经过，或乘坐大巴到南浔汽车站，杭州、上海、苏州等地坐大巴到南浔行程均在2个小时之内（图4-110～图4-121）。

图 4-110　南浔古镇水景

图 4-111　小莲庄门楼

图 4-112　三国之跃马过檀溪

图 4-113　三国之华容道

图 4-114　三国之孔明借风

图 4-115　三国之庞统开堂升案

图 4-116　故居内的木雕装饰

图 4-117　丝业会馆整窗

图 4-1181　故居内凤凰梁牧歌

图 4-119　故居内的门窗雕刻

图 4-120　故居内凤凰梁捕鱼场景

图 4-121　西厢记绦环板

第十四节　胡雪岩故居（杭州）

一、沿革概况

　　胡雪岩于 1872 年耗巨资兴建宅邸，故居内亭台楼阁富丽堂皇，明廊暗弄布局巧妙，雕刻彩绘精美绝伦，园林造景玲珑秀气，家具陈设豪华气派，被誉为"江南第一豪宅"，自 20 世纪 80 年代以来就被文物部门列为杭州市文保单位。胡雪岩故居的建筑用材以硬质木为主，而硬质木比较适宜多层次、深浮雕的装饰，因此胡雪岩故居木雕的风格以富丽堂皇见长。有些单体建筑甚至不同部位所使用的木料不完全相同，如和乐堂的门窗采用花梨木和中国榉，隔扇全部采用紫檀木。隔扇之间采用黄杨木雕刻蝙蝠，寓意"福星高照"；隔扇窗的花结子则为黄杨木透雕的盘长如意街，表示长寿无穷尽。这种利用木料本身不同的材质特征来进行艺术加工处理的在故居中比比皆是。

　　在胡雪岩故居现存的旧有建筑中，以洗秋院的木雕题材最为丰富。洗秋院的形制属花篮厅，中心步柱不落地，而带以柱端雕饰花篮形的垂莲柱。二层梁架为满轩，前后双轩。前轩的顶棚为扁作菱角轩，后轩为扁作鹅颈轩。其上梁架通体遍布纹样图案，华丽精巧，令人目不暇接。二层前轩梁枋的主体纹样为三国人物故事，其中明间的两根枋子两侧及底部都通雕纹样。三国人物故事主要位于观赏者视线可及的枋子的中心位置，内容有"三请卧龙""孔明借寿""关云长千里走单骑""白衣渡江""赤壁之战""王司徒巧献连环计"等。每幅故事长约 1 米多。其上人物形神兼备，孔明头带纶巾，气质儒雅，神情悠然；关羽身着盔甲，手握大刀，威武勇猛；孙权、刘备、貂蝉等人物皆按场景的需要，表现出不同的气质和神态。此外，还配以树木、山石、案几、楼台、厅堂、城楼、车辇等道具和背景。由于采用了传统绘画的散点透视法，再结合木雕的隐雕、浮雕、线刻等技法，画面层次分明，主题突出，很有纵深感。

　　除洗秋院以外，门楼、轿厅、和乐堂、清雅堂等处的木雕工艺也十分精湛。总的来说，梁枋、雀替之上以浮雕的人物、博古、花鸟等题材居多，牛腿等外檐构件、多通体透雕，形象栩栩如生。

　　提及胡雪岩，我们不得不提的是由他创办的"胡庆余堂"。胡庆余堂古建筑群以药店古建筑为基础创建而成，占地 4 000 平方米，内藏文物 160 余件，集各大药号之大成，由陈列展厅、中药手工作坊、养生保健门诊、营业厅与药膳厅五大部分组成。胡庆余堂是融商业实用性和艺术欣赏性为一体的木结构古建筑，也是杭州规模最大、目前国内保存最好的晚清工商型古建筑群。胡雪岩财大气粗，据说当年慈禧太后准备重修圆明园，从国外进口了大量的楠木、铁糙等名贵木材，因宫廷之争，胡雪岩找到了斡旋的机会，于是就有了"慈禧让木"的故事。当这些皇家之物成为胡庆余堂的建筑元素时，胡雪岩延请名师，由京杭两地的名匠历经四年精心打造。高墙大门，气象凝重；设计别具匠心，通体宛如鹤形，门楼像鹤首，长廊似鹤颈，大厅若鹤身，用材讲究，雕绘精巧，造型古朴，并伴有小憩观赏之方亭、"美人靠"曲桥与喷泉等。

　　胡庆余堂吸取了江南住宅、园林建筑的长处，厅堂宽敞、精致，建筑的构件选材精良，梁、架、枋、柱精雕细刻，十分精巧，二层的檐间装饰有垂莲柱，富丽堂皇，布置适当。其古建筑装饰的特点是结合药店经营起到宣传作用。木雕在装饰上与室内陈设配套，空间、采光、色调统一，把书画、雕塑等技法都纳入设计之中且融为一体，采用中式、欧式、中西结合等不同格调设计制作的室内木雕装饰布局合理，造型完美，既古朴典雅，又具有现代气息。

二、总体评价

　　胡雪岩故居整个建筑布局紧凑，构思精巧，居室与园林交融，建筑材料十分珍贵。许多雕饰掺杂于建筑构件之中，有些雕饰既是建筑的构件，也具有装饰和美化建筑的作用，较为普遍地运用了木雕、石雕、砖雕、堆塑以及彩绘等工艺，使整座宅邸宛若一件精雕细镂的工艺品。1989年，胡庆余堂建筑群的二进空间改造为中药博物馆，第一进则依然作为药店对外营业，令游览者既能博览中医药宝库之精华，又能观赏"江南药府"古建筑之风貌。

建筑地址：浙江省杭州杭州市河坊街、大井巷历史文化保护区东部的元宝街（图4-122~图4-130）。

图4-122　故居内的亭如楼阁

图4-123　故居内的门窗雕饰

图4-124　垂花柱上的动物雕刻

图4-125　故居内的檐下部件雕刻

图4-126　枋面雕刻局部

图4-127　胡庆余堂大堂

图4-128　洗秋院梁枋上的三国演义题材雕刻

图 4-129 胡庆余堂轩廊顶雕刻

图 4-130 故居内的百狮楼

第十五节　卢宅古建筑群（东阳）

一、沿革概况

东阳卢宅为姜太公后裔雅溪卢氏聚居之地，位于浙江东阳县城东门外。卢氏自宋代定居于此，世代聚族而居，自明永乐十九年（1421年）卢睿中进士以来，500年间，科第绵延，涉足仕林有150余人，其中不乏一代重臣。由于家世兴旺，卢氏家族相继建房置产，置房屋千间，院落连片，街巷纵横，占地达500余亩。现存的古建筑群从明景泰年间直至民国，浓缩了明清六百年的民居风貌精华，素有"北故宫、南卢宅"之称。其中，肃雍堂主轴前后九进，纵深320米，为国内民居之最。

建筑群三面环水，南对笔架山。雅溪环绕，一条卵石小街贯穿东西，肃雍堂为主轴线，肃雍堂轴线前后九进，依次是捷报门、国光门、肃雍堂大厅、肃雍正堂、乐寿堂、世雍门楼、世雍堂、中堂、后楼。左右与之平行的有世德堂、大夫第、世进七第、五台堂、柱史第、五云堂、冰玉堂等组建筑群。还有卢氏祠堂、善庆堂、嘉会堂、宪臣堂、树德堂、惇叙堂等建筑。

肃雍堂是卢氏大族的公共厅堂，建造于明景泰七年（1456）至天顺六年（1465），面阔三间，带左右挟屋，进深十檩勾连搭。前檐斗栱明间用平身科四攒，次间用三攒，后尾斡杆挑住金檩。梁间不用瓜柱，用坐斗及重栱，梁头伸出柱外部分上雕刻有各种图形。脊檩下用云牌，也雕刻花纹。不论斗、栱、梁、枋、檩，凡可雕刻和彩绘的地方，都刻上了花纹和线脚，或绘上各种图案，极尽东阳木雕和彩绘的技能。肃雍堂厅堂宅第，严谨规整，左右对称，是古建筑的杰出代表。

卢宅和其他江南建筑不同之处在于它既有北方的大气布局，又有南方的精雕细刻。厅堂宅第广泛采用东阳的木雕装饰，建筑中各个构件，室内陈列的各类家具，都巧构细接，体现出东阳木雕的最高水准。卢宅不仅见证了东阳木雕的兴衰与变迁，而且成为各种雕刻艺术品的珍藏库。卢宅的雕刻工艺处处体现在建筑的斗、拱、梁、雀替、牛腿、隔扇上，岁寒三友、渔樵耕读、福禄寿喜、四爱图等图案随处可见。在一片片不起眼的隔扇、裙板和绦环板上，就有"八仙过海""水浒""百寿图""姜子牙遇文王"等多种透雕浮雕。

卢宅还藏有两件东阳木雕的绝品。其一为五狮戏球三架梁，它是用1.7米以上的整块樟木雕刻而成，高达1.5米。古代艺术家采用深浮雕、透雕和圆雕等技法，把狮子雕刻得形神兼备，栩栩如生，实在是东阳传统建筑木雕的登峰造极之作。肃雍堂的前厅和正厅之间采用的"勾连搭"结构，又是东阳木雕的一绝。为了避免大厅进深过长，同时避免屋顶不断升高而影响美观，东阳的能工巧匠便设计了这种"勾连搭"——两个顶连在一起，结合处有专门设计的"大沟"，可供流水。可以说，古代东阳木雕的精华，就藏在卢宅。

卢宅是国内现存的唯一一座拥有九进纵深、面阔五间的古民宅，因其空间序列与北京故宫如出一辙，而被称为"民间故宫"。整个建筑群落古朴典雅、宽敞秀丽、气势非凡，显示出以血缘关系为纽带的卢氏宗族聚居结构，典型地反映出东阳木雕浓郁的地方特色和封建士大夫传统风水意识下的厅堂宅第，被国内外专家誉为"具有国际水平的文化遗产"。其也是浙江人民不断适应地域资源、气候条件以及生活方式的必然产物，更是体现人们传统生活方式、生存理念、审美情趣、价值观念等的重要载体，凝结着浙江人民的生存智慧。

二、总体评价

卢宅古建筑群是江南现存规模最大、保存最完整的明清古建筑群，它不仅为人们的生活提供了一个物质外壳，而且显示出复杂的传统文化内涵，堪称中国现存明清以来乡土建筑的典范，单论建筑群的华贵典雅、建筑构件的精美绝伦，任何一个建筑群落也难与其媲美。府第厅堂院落重重，规模宏大，建筑用材粗壮，雕饰华丽，融东阳木雕、石雕、砖雕及彩绘艺术于一体，尤以木雕艺术最为精湛，精镂细刻，内容丰富。它充分体现了江南民居特色，展示了当时人们高超的建筑艺术，具有历史、文化、艺术、科学等方面的精深内涵和极高价值。卢宅理想的环境风貌，庞大的建筑组群，精湛的木雕技艺，富含着民族传统文化和源远流长的地域色彩，被国内外专家称为具有国际水平的东方住宅，是我国明清建筑艺术中的珍贵遗产。

建筑地址：浙江省东阳市城东卢宅村（图4-131～图4-138）。

图4-131　卢宅古建筑群全景

图4-132　肃雍堂外景

图4-133　肃雍堂明间额枋支撑檩局部

图4-134　肃雍堂明间额枋支撑檩

图4-135　树德堂梁架装饰

图4-136　画工体木雕绦环板

图 4-138　卢宅四爱图绦环板

图 4-138　八仙绦环板

第十六节 马上桥花厅（东阳）

一、沿革概况

马上桥花厅又名"一经堂"，是当地富商吕富进的住宅。始建于清嘉庆二十五年（1820年），落成于清道光十年（1830年），于清道光十九年（1839年）增建第四进后堂。马上桥花厅共44间房，占地1 797平方米，建筑面积2 793平方米。走进马上桥花厅，如同进入一座艺术的殿堂。厅堂建筑呈"且"字形平面布局，前后四进，由门楼、前厅、中堂、后堂加左右厢楼组成，共有272根落地柱。其中，门楼院落12间，正厅院落16间2弄，中堂院落13间2弄，后堂院落9间。每个院落既相对独立，又用厢房相互贯通。

正屋倒座式，明间设八字台门。屋内构架，明间六架前双步后单步廊，楼下作通道；次间七架前后单步，正屋后廊与厢房前廊互通，作建筑内部之通道，其木雕装饰主要施于此。通道的金柱与檐柱之间都设有鱼鳃纹月梁，月梁端头下安浮雕动物花卉纹梁垫，梁背与楼栅之间饰锁壳纹木雕构件。门楼的雕刻之精在牛腿上表现得淋漓尽致。明间后檐柱施大小狮子牛腿，大狮子口中含会滚动的玲珑球，身伴两只翘首而望的小狮子，似等待大狮子把口中之球抛给自己。次间后檐柱施梅花鹿牛腿，母鹿口含灵芝，昂首阔步，其口下方正站着一只回望的小鹿，那半开合的嘴似呼唤母亲来喂养它，栩栩如生。牛腿上承琴枋与楼板等，上安护栏，望柱头饰木雕小狮子，下端饰木雕木笔花或老寿星。望柱间的额枋浮雕缠枝花和锁壳纹图案，上、下额枋间饰以透雕蝙蝠、花篮等艺术构件，其上构置大小工字纹栏板和护手木。

前厅院落有"十四间二弄"，主体呈十三间头式的三合院平面布局。前厅明间采用八架前轩后双步的抬梁式构架，次间边缝增设山柱。明间与次间后金额枋分别悬挂匾额，明间为"一经堂"，次间分别为"经魁""贡元"。明间屏门前设香几一张，两旁各立木雕雕花灯台，灯台高约2米。前廊施以锁壳纹船篷轩，檐檩与挑檐檩间饰有锁壳纹船篷小轩；挑檐檩上施"九狮戏球"贴雕，九只神态各异、活灵活性的小狮子在那里耍弄其眼前的球；檐檩上有近百只翩翩起舞的蝙蝠贴雕，婉转流动，千姿万态，密而不乱；檐檩与金柱间施轩梁，梁背置"双狮戏球"荷包梁，两只大狮子脚踏云朵，张口伸舌抢夺"绣球"。木雕的"绣球"圆体中空，内藏活动滚珠。双狮上面各有小狮子数只，有的张口待喂，有的互相观望，憨态可掬，生动传神，令人叹服。明间、次间每根檩条端头各设雕花斗栱一攒。除脊檩与前檩下的斗栱外，其他前后雕花斗栱之间均以虾背梁相联结，设计精巧，制作精美，繁而不杂。整个前厅中的牛腿、雀替、琴枋、梁垫等木雕艺术构件虽为陪衬，但也不失精细。

中堂院落呈"十三间夹二弄"平面布局，由中堂、厢房、天井组成。中堂木雕的主要特色是门、窗。明间施万字纹花结、葵纹书法槅心格扇门六扇，其上为浮雕锁壳纹蝙蝠的横披，槅心中的葵纹书法是内容各异的诗词，书后阳刻，其工艺手法在古建筑中不多见。夹堂板浮雕内容为家规及儒家教子育人之道。次间中饰万字纹夹花窗四扇，其上为浮雕锁壳纹蝙蝠、花果等内容的横披，窗下框槛内构置板壁，两侧施板门各一扇，其上为透雕海棠花花结横披。

后堂院落呈"九间头"平面布局，由后堂、厢房、天井组成。由于后堂处于整个建筑中弱势的部位，所以在这里没有其他厅堂那么多的精品，其月梁、梁垫、牛腿与其他厅堂的艺术构件也有相似之处。但木雕艺人也不因此而轻视，每处雕刻都细致之极。

东、西厢楼均采用穿斗式楼房结构形式。楼上廊栏条木榫接兜花，其间镶嵌花心、花结；楼下檐柱上为人物、走兽牛腿。楼上、楼下的门窗锁腰板、裙板、格花等都雕有人物、花卉、鱼虫等图案，形象生动，构图别致，雕工精良，令人拍手叫绝。

二、总体评价

马上桥花厅是东阳木雕的经典之作，厅内构件精雕细刻，用寓意、谐音、比兴、象征等艺术手法，采用透雕、彩地雕、贴雕等木雕工艺，把日常生活中所见的鱼虫花草、飞禽走兽等创造成了各种自然、可爱的艺术形象，加上雕刻的大量回纹、龙纹、水纹等纹饰，使整体空间呈现出了华丽神奇的氛围。门窗花格的款式数不胜数，各种构图灵活多变，色彩素雅，格调高雅，达到了建筑结构、功能和审美的统一。花厅建筑用材不大，但雕梁画栋，极富装饰性，系传统民居与东阳木雕艺术完美结合的典范。特别是前厅集中了东阳清嘉庆、道光年间的经典木雕精品，为整座建筑的装饰重点，是木雕工艺最集中、最精华之处，具有重要的历史、艺术、科学价值。

建筑地址：浙江省东阳市湖溪镇马上桥村（图4-139～图4-145）。

图4-139　马上桥吕氏花厅大门入口

图4-140　马上桥花厅门厅

图4-141　马上桥吕氏花厅的栏杆

图4-142　马上桥吕氏花厅前厅雕刻

图4-143　马上桥花厅船篷轩

图4-144　马上桥吕氏花厅木雕装饰细节

图 4-145　马上桥厢房檐部四牛腿

第十七节　史家庄花厅（东阳）

一、沿革概况

史家庄花厅始建于 1912 年，落成于 1915 年。坐北朝南，占地面积 739 平方米，由照墙、正厅三间和东、西厢房各五间组成，布局左右对称，呈十三间头三合院平面布局，是东阳地区典型的十三间头民居。据史料记载，东阳木雕名家卢连水带领徒弟几十位雕花匠参与，仅雕花部分就费工一万以上（一个木匠工作一天为一工）。花厅中每一个构件的每一个角落都经过精心雕琢，耗工万余，又称"万工厅"。

花厅正厅三间，通面宽 12.1 米，进深 7.3 米，重檐两层，是木雕装饰最精华的地方，前廊装修华丽，檐柱柱头施莲瓣纹斗盘，上置讹角大斗。外拽与外檐雕花栱里拽构架，里拽呈深浮雕狮子纹插翼与一根藤船篷轩的花篮斗构架。左右深浮雕透雕牡丹纹艺术构件承托锁壳状替木，支撑檐檩。明间檐檩贴雕狮鹿，次间檐檩雕动物、花鸟。檐檩与挑檐檩间施以天花，其中井口边为变形锁壳纹。前轩花廊檐柱与金柱间分别施以深浮雕花果、人物。梁垫承托阴刻双线龙须纹琴面状轩花梁。轩花梁断面浅浮雕云纹仙鹤。中间凌形状内浮雕山水人物。轩花梁背分别置由等距离的三个方形锁壳纹斗盘，花篮斗。其中为抹角束腰斗，抹角束腰斗左右深浮雕牡丹纹艺术构件承托锁壳状替木，支撑深浮雕花卉纹轩花桁，外拽呈深浮雕狮子纹插翼与一根藤船篷轩的挂空花篮构架，与檐柱大斗里拽的深浮雕狮子纹插翼呈对称构架，支撑船篷轩。船篷轩每间一组，每组三等份，每个等份以一根藤为主题纹饰，其中圆形状框边内深浮雕图案。三斗前后用浅浮雕福寿图平板枋构架，两侧平板枋上置透雕万字纹花板，承托天花支条。天花每间一组，每组三等份，天花井口以一根藤作主题纹饰，凌花形圆光内深浮雕人物，动物图案，每组圆光中为人物，两侧为山水图案。厅内雕刻以人物场景居多，多为送行者、饮酒者、望月者、乘车者、骑马者等，各形各色，隐士商贩，文臣武将，生动传神，栩栩如生。

厢房前廊檐柱施以透雕、深浮雕人物牛腿。牛腿上置深浮雕锁壳纹。斗盘上置浅浮雕锁壳纹斗栱。前廊前三间前廊金柱与檐柱间的深浮雕人物山水梁垫承托阴刻三线龙须纹琴面状月梁。琴枋内侧深浮雕亭台楼阁，人物图案。琴枋上侧置锁壳纹，莲瓣纹相组合的斗盘，上置锁壳纹方形束腰斗，里拽呈虾背状插翼与厢房前廊挑檐檩勾搭，外拽呈深浮雕变形狮头卷尾状插翼支撑窝角天沟的角梁，左右两侧呈透雕缠枝花锁壳状艺术构件承托透雕锁壳形状雀替，分别支撑厢房前廊的挑檐檩和插翼的挑檐檩。

从花厅整个木雕图案来看，涉及最多的就是人物、动物、植物。廊前雀替，斗栱牛腿，图案精致，多层相叠。每一个故事或人物都是经过雕花匠与主人的考虑，有一定的教育意义在里面，如花厅有很多是《三国演义》人物的节取。刘备、关羽、张飞桃园三结义，千里走单骑，诸葛亮摆空城计等，也有杨家女将或花木兰从军的截取。琴枋则雕有渭水访贤王、三顾茅庐等求贤访才的故事。鹿、鹤、狮、凤、鱼、蝙蝠等动物造型也用得惟妙惟肖。有两只牛腿就是松与鹤、鹤与鹿的组合，松意长寿，鹤为仙禽，鹿为瑞兽，鹤鹿同春，撑栱采用是半圆雕的仙鹤牡丹图与松鹤图，房屋建造时间为民国，恰逢动乱时期，表达向往国泰民安、如意吉祥的愿望。另外牛腿上还有仙鹤牡丹、荷花凤凰的组合。基本上每一根月梁下都雕有浅雕蝙蝠，忽隐忽现，蝙蝠同"必福、得福"。顶棚上、门窗普遍采用有如意纹、回纹、水纹、古钱纹、拐子纹、祥云纹、龙草纹等几十种，都寓祥和，这些寓意都是屋主人的真实想法与写照，寄寓了对美好事物的向往。

二、总体评价

史家庄花厅经历了近百年的历史，门窗局部受到损坏，马头山墙的马头被大风刮倒较多，厢房四只牛腿被盗，除此之外，其他部分保存完好，呈现基本原有历史风貌。照墙的内墙绘画上画师为我们留下了建造的确切时间，为研究东阳建筑的发展和木雕装饰的演变提供了一个时间依据，同时是东阳木雕装饰与传统民居结合的典型案例。史家庄花厅装修繁复，石雕、墙绘、木雕等遍施其中，技艺高超，做工精细，精致无比，木雕人物造型夸张，器宇轩昂，超凡脱俗，似仙似神，体现了民国东阳木雕精湛技艺，也体现了民国时期东阳建筑的营造水平，是民国时期东阳传统建筑的鼎作。

建筑地址：浙江省东阳市巍山镇东方红行政村史家庄自然村（图4-146~图4-152）。

图4-146　史家庄花厅外貌

图4-147　花厅内部庭院

图4-148　花厅正厅檐下木雕装饰

图4-149　史家庄花厅正厅前廊

图4-150　花厅正厅前廊天花局部

图4-151　花厅正厅前廊双轩顶

图4-152　花厅木雕、石雕、彩绘结合装饰

第十八节　白坦古村落（东阳）

一、沿革概况

白坦村古称梅里，又称松树矮。后有县令白甫谓村名不雅，遂取村处白溪江畔平坦滩地之意，更名白坦。狮山雄踞村南，练溪自北向西南绕村而流，与吴良村隔溪相望。白坦村距今有 600 多年历史，现存 40 余幢明清及民国初期古建筑，有省级文物保护单位 2 处，市级文物保护单位 5 处，是东阳境内古建筑保存最多的村庄之一。其中以建于清朝的福舆堂和务本堂规模最大，最具代表性。

福舆堂建于清嘉庆至道光年间。纵深近百米长，百余间房间。由两条轴线、四房建筑组成，整体平面呈"品"字形布局，6 个院落，占地 1 万余平方米，建筑面积 5 127 平方米，村老年协会入驻在第一院落。福舆堂坐西朝东，前后五进，分为两组，中间有一弄相隔。主轴线分前后两部分，前一部分由门楼、照厅、正厅、后堂组成，后一部分由照壁、后堂组成，左右两边为通道和厢房。正厅三开间，七架前轩后双步廊，明间抬梁式，次间穿斗式，五架及三架梁上置伏斗。廊轩雕刻精致，前檐饰狮子戏球牛腿，斗拱上溜部分的牛腿成象鼻状。前照壁由水磨砖斜向砌成。前一组建筑三进二天井，有门楼三间，前厅、后堂各三间，两侧厢房各十三间，各房前廊皆可沟通，四周围墙作全封闭。后一组建筑墙门内有一宽敞的开井，前厅、后堂各三间，左右厢房各十二间，有围墙封闭。建筑内部大量采用东阳木雕装饰，此外还采用了砖雕、泥塑、彩绘、书法等多种手法。门口的牛腿与雀替、斗拱精致完美结合，牛腿的图案各异，以人物、走兽、花鸟为主题。每种图案都有不同的含义，正厅、正门与厢房的图案不一样。正厅的牛腿大且雕刻"渔、樵、耕、读"，主题富有象征含义，讲究气派，在浙中地区也是少见。边厢房造型简洁，说明封建礼制主从等级差别，用简单的图形表现着某种意义，如东厢房明间的绦环板上雕刻"满园春色关不住，一枝红杏出墙来"的意境。檐檩除了雕刻各种图案之外，每一个前檐檩下面都雕刻篆书书法，在民居之中也是较为少见的。

务本堂建于清代道光年间，原为清代进士吴品珩和贡生吴品瑀兄弟的私家住宅，有"东阳城出东门第一楼"之称。1997 年 8 月，被国务院列入省重点文物保护单位。该建筑空间处理合理，既突出了主体建筑，又考虑到传统大家庭的居住需求。木雕装饰题材丰富，技法多样。整幢古民居有三条轴线并列组成，坐北朝南，主轴线为务本堂，左右为菊壮厅、三立堂，其间各有小巷分割，巷前后设门。务本堂有门楼、正厅、后堂各三间及左右耳房各两间，厅堂前各有厢楼三间，各厅、堂、厢的檐廊相互沟通且有门与小巷相通；菊壮厅、三立堂的布局相同，前设墙门，内设天井，卵石铺地，正厅三间，耳室、厢楼各五间，厅厢轩廊相接。前后共三进，两侧为厢房。正厅和后堂前廊的轩、梁、檩、枋、斗拱，雕刻精致，山墙前廊各开青石洞门，门框石雕，花草动物栩栩如生。正厅三开间七架前轩后双步，左右各有厢房 5 间，明间抬梁式，次间穿斗式。后堂明间的藻井，木雕极精细。藻井后设有神龛。正厅有林则徐题赠的"务本堂"匾额。"务本堂"三条檐檩很是讲究，雕刻图案分别为九狮戏球、凤穿牡丹、百兽率舞，枋面较大，镂空雕刻，每一个动物都活灵活现，除檐檩外，因承重原因，金檩、脊檩等都较为简单，脊檩基本不作雕饰。次间的檩的雕刻又比明间相对简单一些。1998 年，老宅曾发生过一次火灾，由于房子是木结构，火势很快蔓延，烧毁了十几间老屋。幸运的是，三条轴线上的主体建筑务本堂、菊壮厅、三立堂留存了下来。后来主体建筑都经过了加固修缮，保留了原貌。

二、总体评价

白坦村文化底蕴深厚，科举仕宦者绵延不绝，素以东阳历史文化名村著称。村落格局保存完好，这些古宅大多面朝东向，以"十三间头"作为基本单元，布局灵活多变，呈纵横扩张的长方形平面，建筑内部装饰考究，有木雕、砖雕、石雕、瓦雕、壁画、彩绘、灰塑、竹编等民间工艺，尤以融东阳木雕、砖雕、石雕为一体的清代雕饰艺术建筑最具代表性，又以各种技法雕刻的木构件最为精彩，尤其务本堂大厅前檐微笑的狮子牛腿，反映了东阳民间工匠的高超技艺。

建筑地址：浙江省东阳市巍山镇白坦村（图4-153～图4-163）。

图 4-153　福舆堂外观

图 4-154　务本堂梁架结构

图 4-155　渔樵耕读双开门锁腰板

图 4-156　福舆堂九狮戏球

图 4-157　九狮戏球

图 4-158　凤穿牡丹

图 4-159　百兽率舞

图 4-160　轩廊、檐檩

图 4-161　琴枋

图 4-162　"耕"

图 4-163　"樵"

第十九节 横店明清民居博览城（东阳）

一、沿革概况

明清民居博览城自 2001 年开始筹建，2008 年 10 月 1 日建成开放，占地面超过 0.6 平方千米，由浙、皖、赣各地拆迁的明、清、民国时期的民居和仿建古建组成，是集古建保护、剧组拍摄、影视体验、节目演艺于一体的综合性影视文化旅游景区，也是横店影视城中历史最长、投资最大、内涵最为丰富的景区之一，分为"桃花源"和"秦淮河"两大景系。"桃花源"景系集中了从浙、皖、赣等各地拆迁的明、清、民国时期的民居 120 余幢。因此，该城已被命名为"中国文物保护基金会示范基地"和"中国古民居保护基地"。粉墙黛瓦、砖石木雕、斗拱琴枋、牛腿花窗是无数工艺大师的心血结晶，亭台楼阁、戏院祠堂、府第民宅等是千年历史文化的民俗画卷。"秦淮河"景系则是以明清时期南京"十里秦淮"为蓝本，再现了以夫子庙为中心的繁华古都风貌，集中再建了夫子庙、江南贡院、八艳坊、状元府、桃叶渡等建筑。在博览城中还设置了大量的艺术展馆，让人流连在古色古香古民居的同时能感受到不同的艺术氛围。

在横店明清民居博览城的"夫子庙"东面，有两幢并排而立的从别处移建而来的古建筑，一曰"瑞芝堂"，一曰"瑞霭堂"。

瑞芝堂的原址在横店镇湖头陆村。清朝道光年间，湖头陆有一户世代经商的殷实人家，户主叫陆熙清，造了一幢"十三间头"的房屋。剩余一些木料堆在院子里，过了几年，木料长灵芝，似为吉兆。陆熙清的长子叫陆垂垫，子承父业做火腿生意。"金华火腿"出东阳，他从家乡大量收购火腿运往杭州销售，财运兴旺。于是，陆垂垫接着扩建房屋，在原来的十三间前面又建了十三间，成为东阳地方典型的"前厅后堂"民居建筑，取名"瑞芝堂"。瑞芝堂建造之时，恰逢鸦片战争，民不聊生，木雕师傅只怕东家辞退，因而尽量施展技艺，精雕细刻，木雕装饰非常精美。后来，陆垂垫本想再造第二幢房子，时逢太平军起义，太平军占领了金华、东阳一带，瑞芝堂成了侍王李世贤的军营。

瑞霭堂的原址在横店镇夏厉墅村，建成于清嘉庆年间，由夏厉先祖文才公（唐贞观进士）后裔厉贻钰公所建，迄今已有 200 年历史，占地 1 082.3 平方米，分前厅、后堂，连两侧厢房共有 24 间。整座房舍结实华丽，工艺精湛，集石雕、木雕、砖雕于一体，以东阳木雕工艺最为突出。厅堂的梁、柱、拱、琴、枋及厢房的门、窗等采用镂空、深浮雕和浅浮雕技法，所雕刻的戏剧故事、自然景色、龙凤禽畜无不形象逼真、丝丝入扣。更令人匪夷所思的是，厅堂的木雕装饰"九狮戏珠"梁是嵌上原木后缘梯雕刻的，用工数载，历时 25 年才建成，凝聚着多少能工巧匠的精湛技艺和独特构思。

1994 年，横店集团创始人徐文荣为了保护古建筑，把已经破败不堪的瑞霭堂、瑞芝堂拆迁到文化村，同时对年久损毁的部分房舍和构件进行了修复。2006 年，由于文化村要改造为现在的"梦幻谷"，"两堂"再次迁到明清民居博览城。

二、总体评价

博览城内至今已迁建了近百幢具有代表性的明清民居，大都来自浙江省各县市及安徽省、江西省。特别值得去看的是东阳木雕技艺精湛的原来位于横店镇的夏厉墅村、湖头陆村，现已移建到博览城的瑞霭堂和瑞芝堂。当你推开一扇扇雕花的木门，你就推开了心扉深处的记忆之门，这两座古屋不仅是凝固着历史文物，更是根植在我们心中的活着的文化遗产。在博览城，在欣赏东阳木雕精华的同时可领略皖、赣木雕的风采。

地址：浙江省东阳市横店镇康庄南街 188 号（图 4-164 ~ 图 4-176）。

图 4-164　秦淮河景系风光

图 4-165　建于清末民初从横店金宅移建的天成堂

图 4-166　建于明泰昌年间从新塘里移建的维宁堂

图 4-167　瑞芝堂后堂

图 4-168　桃花源景系入口

图 4-169　瑞芝堂前檐牛腿

图 4-170　瑞霭堂前厅

图 4-171　寒山拾得（局部）

图 4-172　梁上花篮斗与轩顶

图 4-173　九狮戏球梁与轩顶

图 4-174　镂空山水牛腿

图 4-175　建于道光年间从别处移建而来的张氏宗祠

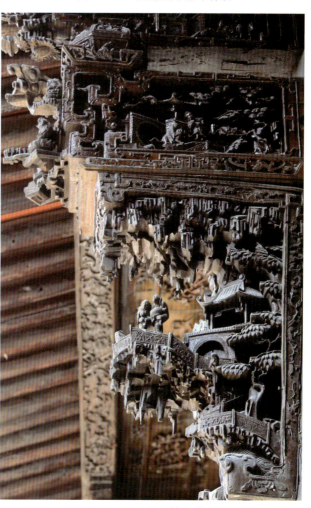

图 4-176　寒山拾得牛腿

第二十节　虎鹿慎德堂（东阳）

一、沿革概况

虎鹿是浙中地区东阳市下属的一个乡镇，因境内虎峰与鹿峰两峰隔溪相峙而得名。厦程里是镇政府所在地，慎德堂位于厦程里村，宋时，河南中山人程元洁任东阳县令，卜居于此。清嘉庆十九年（1814 年），嗣孙程铨举进士，任湖北按察使时，振兴门庭，建高楼大厦。

慎德堂建于清嘉庆年间，坐西朝东，由前厅、后堂和两侧厢房组成，分前后两个十三间头院落，两院之间设鹅卵石巷弄，以厢廊相连互通，俗称"廿字弄堂"。占地 1 300 平方米，为程氏十八世孙春畬公修建，恰时木雕装饰的传统与戏曲表演的盛行，同时春畬公有意木雕装饰以新意且有赏戏之好，遂在房屋建造竣工之时，请来江南戏班演戏十天十夜，木雕工匠根据戏剧情节构思创作 200 多幅木雕精品，历时十年，图案清晰，造型完美，栩栩如生，姿态万千，集清代戏曲木雕艺术之大成。所饰戏文大都是历史戏曲剧目中的不朽之作，整体而言，与程公的文化理想与审美趣味相契合。无论是戏曲木雕的创作者，还是作为欣赏主体的策划者，都沉浸于戏曲的声色之娱中，最终将戏文木雕推向了艺术的高峰。

前厅是三开间，八架前轩后双步廊构架，明间设五架梁，檐柱有狮子牛腿，前廊顶为船篷轩，两端的青石门洞上都雕刻着狮子花鸟纹，门额上分别刻着"由礼则雅""树德务滋"，山墙是磨砖贴面。后堂也是三开间，重檐穿斗构架二层楼房，檐柱设戏曲人物牛腿，前廊天花木雕装饰，两端青石门洞雕缠枝花与龙纹，门额分别刻着"豫顺""履绥"。前后院之间有两道马头山墙隔开，能更好地起到防火作用。

慎德堂的戏文木雕不但分布范围广，而且涉及题材多，大致可归为三类：神话传说、历史故事以及生活娱乐。其中，历史故事类题材又可细分为两类一是主要围绕国家的大环境来反映社会矛盾激化的历史剧，如《三国演义》《杨家将》《岳家将》等；二是围绕家庭的小环境来抒发离情别绪的婚恋剧，如《珍珠塔》《合珠记》《白兔记》《双鱼记》等。戏曲《合珠记》分为四个场景：牛腿左上方，一男一女衣着朴素，应为两人认识并与之喜结良缘之际；牛腿右上方，老者位于正中，气度雍容，身边有一青年男子应为状元文举，身着官袍，头披花翎，似无奈之状与宰相之女成婚；牛腿中部人物应为高文举与王百万；牛腿下部，一女执帚扫地，一状元郎与之对视，应为高中状元的文举与上京寻夫被温氏遣去执役的金真。戏曲《珍珠塔》牛腿分为四个场景：牛腿右上方，陈翠娥将传世之宝珍珠塔赠予方卿；牛腿中部，方卿肩背木剑扮道士模样，乔装再至陈府，以唱道情见姑母；牛腿左上方，头披花翎状元郎会见姑夫与表姐翠娥，陈父站于中间，翠娥侧脸面带微笑；牛腿下方，两人喜结连理。故事情节通过四幕场景交代清楚，这种以流动画面的方式表现典型场景的串联形式极大地丰富了木雕艺术的表现力。历史剧和婚爱剧主题的木雕穿插表现在"慎德堂"建筑体的前后两进院落中，并以前厅后堂的檐庭为主干，错落分布于牛腿、琴枋和梁托之上。神话传说与生活娱乐类戏曲尽管在建筑装饰中不可或缺，但在慎德堂只用作梁托以及偏位建筑构件的图案装饰。第一进的南北厢檐廊，中心间对应的梁托分别以"八仙"人物为题材，檐廊其余梁托却刻绘花卉，反映出建筑装饰中的主次轻重之别。

厦程里古建筑众多，厅堂分布错落有致，保持较为完好。比如，清中期建造的慎修堂、尊行堂，位育堂，特别是位育堂结构独特，气势雄伟，在四周建有芝瑞堂、迎华堂等 8 个厅，总占地 1 万多平方米，每个厅都朝着位育堂，故位育堂又称八面朝厅。祖辈们通过造厢房、照厅、通道屋等，把 8 个厅全部连接起来，使之成为一个古建筑群，即使下雨天，人们走过 8 个厅，都不会被雨淋和沾湿鞋底。而每一处的建筑中木雕装饰都是一个亮点，雕刻题材内容迥异，但都是为了巩固传统儒家思想的文化核心地位。

二、总体评价

慎德堂装修豪华，雕刻精美，木雕装饰主题内容为戏剧故事情节，画面丰富，特色明显，被誉为"凝固的戏剧舞台"，为我国戏曲发展史提供了可靠的实物史料，具有极高的研究价值，也为东阳木雕的多样性发展提供了很好的实例。

同时期雕刻技术也充分体现了当时的风格特色，堪称东阳清中期民居建筑的杰作，是东阳传统建筑传承的重要实例，对研究东阳传统建筑的发展和东阳木雕的发展都具有重要的历史价值。

建筑地址：浙江省东阳市虎鹿镇厦程里村（图4-177~图4-178）。

图4-177　戏文木雕门窗

图4-179　前厅檐檩木雕装饰

图4-178　慎德堂戏文木雕门窗

图4-180　琴枋戏文木雕局部

图4-181　后堂井格顶木雕装饰

图4-182　水淹七军琴枋木雕

图 4-183　慎德堂戏文门窗绦环板

图 4-184　戏文木雕铡美案

图 4-185　前厅檐下木雕装饰　　　图 4-186　戏曲合珠记牛腿　　　图 4-187　戏曲珍珠塔牛腿

第二十一节 黄山八面厅（义乌）

一、沿革概况

据《义乌石门陈氏宗谱》记载：八面厅由陈子宷祖孙三代于乾隆五十八年（1793）左右筹划，嘉庆元年（1796）动工，于嘉庆十七年（1812）建成，历时十七年，取名"振声堂"，其意望子孙后代能传承家业，振兴家声。建成后，在厅内举行陈母楼太孺人九旬大寿暨五世同堂庆典。其主体建筑按中轴线依次为花厅、门厅、大厅、后厅，又有二条南北横向的轴线相交，两侧各有两个厢厅，共有大小八个厅堂，同时有八个进出门户，廊廊相通，雨天进入不湿鞋，因此称之为"八面厅"。

黄山八面厅整座建筑呈长方形，坐西南朝东北，除一字排开的十一间花厅毁于咸丰十一年（1861年）外，其余均保存完好。外观秉承江南民居的风格，青瓦白墙与暗色的木建筑结构形成对比，细部装饰以及结构方面融入了地方特色的砖雕、石雕、木雕艺术，雕刻工艺精湛，尤以木雕工艺最为精致，主要出现在梁、檩、枋、雀替、斗、撑（牛腿）、天花板和门窗等部位。

梁架的雕刻基本在两端，施以较浅的雕饰，在梁眉处雕刻鱼鳃纹与龙须纹。檩条多采用浅浮雕、高浮雕、半圆雕及镂空雕等技法，特别注重动态造型，门厅明间檐檩狮子滚球，雌雄二狮，相对而戏，你扑我抢，绒毛成球，视为吉祥，有"狮子滚绣球，好事在后头"之说。枋面雕刻以大厅后檐廊梁形枋与南北廊东西明次间檐部枋为代表。大厅明间梁形枋从两端至中间部位依次刻有鱼鳃龙须纹、仙鹤、寿桃、仙鹿，基本对称，图形稍有区别，枋心雕"双狮戏球"，次间枋心饰花鸟。

厅内斗拱均为繁复的花拱，装饰性强，造型采用"C""S"形较多，拱头以圆雕技法饰以人物、动物、瓜果花卉等。门厅明间檐柱柱头斗拱雕有"三狮"，三只小狮子，自上而下，相互顾盼，嬉戏玩耍，活泼可爱。边廊檐部斗拱饰以龙形的卷草图案，民间称之为"卷草缠枝龙"，呈"S"形，曲线优美，富有动感，艺术效果强。门厅、大厅、堂楼、边廊的牛腿以狮子与神仙人物为多。门厅雕母狮与小狮共同嬉戏，大厅雕大小狮子戏球。边廊四件刘海作品刀工娴熟，造型生动，线条流畅，更是少见。厅内不管在梁下还是枋下、楼栅下，都置以雀替，大厅有一组春游芳草地、夏赏绿荷池、秋饮黄花酒、冬吟白雪诗的四季图案雀替。琴枋基本采用双面雕，题材以戏曲故事与历史典故为主。边廊枋下雀替刊头则雕有十二花神图案，实属罕见。

大厅前金柱与檐柱间置船篷轩，采用回形纹饰雕。门厅和大厅之间的两个边廊、大厅后檐及堂楼设井口天花，采用大小不一的多个井字格，基本是明次间三个井口，口内设一圆，圆内饰雕。边廊次间采用鱼的题材，鲤鱼、金鱼组图，寓意金玉满堂，年年有余；明间为白菜青蛙组合，意为"百财"，做人清白。八面厅的门窗装饰主要集中在格心、绦环板、裙板等部位。比如，大厅后檐廊格扇门之格心雕有文公走雪、天现麒麟、舜耕历山、张良拾履，因是深浮雕，后有替板，面部表情丰富，栩栩如生。边廊、堂楼绦环板上雕有五子登科、西厢记、薛仁贵征西。堂楼的南北厢房槛窗格心都是采用镂空雕，雕有牛郎织女、渭水访贤、仙人乘槎、郑和下大西洋、渔家乐庆端阳、长生殿重圆、福萃一堂、五凤楼学士等，每一扇门窗都有故事情节，花板人物众多，层次分明，刻画细致，立体感强。人物衣着各异，体态不同，喜怒哀乐，动静姿态，千差万别，形象生动，构思精妙。

二、总体评价

黄山八面厅是东阳木雕艺术发展至顶峰时期的典范之作，堪称雕刻艺术博物馆。建造年代确切，在

"康乾盛世"向清末过渡转折之际，为建筑史的研究提供了可靠的证据，砖、石、木三雕艺术价值重大，具有很高的研究价值。装饰图案内涵丰富，布局结构合理严谨，用材装饰紧密结合，达到了和谐的高度统一。当时的雕刻形式已由简到繁、由粗到细，主人不惜工本，工匠不计时间，造就了精致的八面厅木雕艺术，它所表现的题材可以贯穿为一部中华文化的发展史，记录着故事，体现着美好理念，是中国传统木雕艺术的精华，并为研究中国文化史、中国戏曲史提供了丰富的资料。

建筑地址：浙江省义乌市上溪镇黄山五村（图4-188～图4-191）。

图4-188 黄山八面厅外观

图4-189 门窗格心之张良拾履

图4-190 边廊的双开门格心

图 4-191 北边廊明间檐柱刘海牛腿

第二十二节　佛堂吴宅（义乌）

一、沿革概况

　　佛堂吴宅位于浙江省义乌市佛堂镇，佛堂因佛而名，因水而商，因商而盛，历史文化底蕴浓厚，素有"小兰溪"之称，为浙江四大古镇之一，2007 年被公布为中国历史文化名镇。佛堂历史悠久，传说南北朝时期天竺僧达摩云游双林寺时投江救人，当地百姓为了感激这位救命恩人兴建了"渡磬寺"，寺中有楹联"佛光透彩传万代，堂烛生辉照四方"，人们用各句首字组成了地名"佛堂"。渡磬寺后来也随地名改称"古佛堂"，历代屡毁屡建，香火延续至今。佛堂因地处水陆要道和佛教圣地，很早就形成了村落、集市和商埠，明末清初时成为浙江著名的商贸重镇。清乾隆以后徽商、绍宁商涌入，开创了群雄角逐的局面，大量会馆兴建，更是带动了佛堂航运业和服务业的发展。清末本地"义商"正式成立佛堂商会，至此佛堂的兴盛达到顶峰，直到浙赣铁路的兴建。中华人民共和国成立后佛堂渐渐谈出人们的视野，但"千年古镇，百年商埠"的历史风貌却被奇迹般地留了下来。佛堂古镇整体格局尚好，基本保持了明清市井的原始风貌。主街直街纵贯其间，分为上街、中街和下街三段，两侧辅以东、西二街，市基口、盐埠头、浮桥头、新码头等横街通向江畔码头，沿街是鳞次栉比的明清建筑，包含商铺、会馆、祠堂、庙宇、酒肆、茶馆、客栈、民居等各种门类，数量繁多，保存完整。

　　在佛堂古镇的百余幢古建筑中最引人注目的就是吴棋记民居，即吴宅。吴宅为民国时期当地"同顺丰"商号老板吴茂棋在 1935 年所建的三层半合院式民居，是当时佛堂境内最高的建筑。据说当初吴茂棋想建造两座十八间民居，却因时局动荡，前进十八间的地基改建成花园，形成了前园后宅的格局，据说后进十八间在能工巧匠贾汝海的建议下，建成一柱到顶的三层楼，有"更上一层楼""步步高升""连进三级"之喻。这种设计理念实属创新，获得吴茂棋的大加赞赏。抗战时间，又临时添造了一个相对低矮的半层亭阁作为"警报台"，形成了如今三层半的格局。吴宅整体建筑分前后两进一天井，前后进均为三间楼下厅，门厅明间月梁，次间扁作方梁，三间均敞开，正厅前出廊，每间用木板壁分隔。明间开敞，次间设门窗，作为卧房，左右厢房各六间，成井字形弄堂，另在厢房南侧各扩出下房两间。天井用青石板铺设，中间砌有两口方形水槽，用砖与石灰雕刻图案，水中鱼藻灵动，一派生机盎然。该建筑有两大特色，第一是厅内用歪斜的柱子，但整幢房屋周正，不差分毫，显示了工匠的高超工艺。屋子建造时恰逢战乱，资源匮乏，吴茂棋就地取材，选了质量尚佳的树木作为建材。第二是钟灵毓秀的雕刻，梁轩额枋、牛腿挑廊、栏杆棂，或镂空或浮雕，取材戏曲人物、渔樵耕读、鱼藻花鸟。从一雕一刻中可以读出三国演义、二十四孝等人物典故。生动细致的牛腿、古香古色的门窗、别具匠心的梁栋的活灵活现，妙趣横生。2011 年，佛堂吴宅被公布为第六批浙江省重点文物保护单位。

二、总体评价

　　佛堂古建筑以其精湛的木雕、砖雕、石雕和精美的壁画，淋漓尽致地体现了中国建筑"建筑、绘画、雕刻"三位一体的特点。古建筑专家对佛堂的历史文化价值给予了高度评价，它们认为佛堂的古民居、古街巷是中国建筑史中的一宝。吴宅是义乌民国时期留存至今唯一一座三层半砖木结构民居建筑，建筑布局精巧，构思独特，特别是靠近天井四周的额枋、美人靠、栏杆、隔扇窗、牛腿、雀替等雕饰精美，题材丰富，是东阳木雕在传统木结构建筑装饰上民国时期的代表之作，为研究东阳木雕在民国时期的发展提供了珍贵的资料。

　　建筑地址：浙江省义乌市佛堂镇大文头 35 号（图 4-192 ~ 图 4-199）。

图 4-192　吴宅外景

图 4-193　吴宅正楼外观

图 4-194　廊下空间木雕装饰

图 4-195　吴宅正楼第二层回廊

图 4-196　吴宅人物牛腿

图 4-197　吴宅檐下渔耕题材牛腿

图 4-198　檐下木雕装饰部件

图 4-199　额枋人物木雕

第二十三节　朱店朱宅（义乌）

一、沿革概况

朱店村是第四批中国传统村落，北宋太平兴国八年（983 年），因宋太祖"杯酒释兵权"，王彦超避难从会稽（今绍兴）迁至此地，繁衍生息，迄今已有千年历史。自王彦超栖居凤林山起，各姓人氏闻名而迁，生息置业，拓基繁衍，居住传代，成繁盛之景。到清时，因朱氏占绝大多数，故改名为朱店。朱店村文化底蕴十分深厚，在历代祖先崇文尚武、诗书传家、文韬武略的观念的引领下，文运始终昌盛，培养了大批文武人才，其中义乌历史上的 184 名进士中便有朱一新、朱怀新、王永年、毛炳、王秉节等 8 人出自朱店，最著名的当属清末著名学者、一代直臣名师、汉宋调和学派代表人物之一朱一新，另有从武成名的上将军王彦超、将军毛大斌、少将朱恒青等，因此朱店素有"进士村""将军村"之誉。古村落由沿前街、后街、横街、胡店街等纵横交错的古街巷构成历史机理，厅堂、第轩、门园等填充着"川"字形的街巷骨架，呈火腿形分布，形成规模宏大的古建筑群。

朱店朱宅主要由明代荐叙堂、清代六房厅、清光绪年间的大夫第及民国时期增建的重厢等部分组成，其中以大夫第最具特色，大夫第建于清光绪年间，由前后二座十八间宅院和一间屋宇式门楼组成。大夫第门楼为单间屋宇式门楼，石库门额题"大夫第"匾，是备放车轿、客人临时休息、门房通报候见的场所。出后面门楼有一条"之"字形甬道通往葆真堂。葆真堂即朱怀新故居，坐北朝南，是一座十八间宅院，分前后两进院。由门屋 3 间，正厅 3 间，左右厢房各 6 间和 2 间辅房组成，楼上设三层的阁楼一间。葆真堂前院用圆洞门，门额砖雕"经锄小筑"，照墙饰墨绘壁画。正厅为楼下厅，硬山重檐，采用冬瓜梁，抬梁构造，出檐施牛腿，厢房外檐装修用槅门窗，精雕细刻。正厅后明间开石库门通往中间的石子巷，设过街楼通约经堂楼上。约经堂为朱一新故居。清光绪十三年（1887），朱一新因张之洞之邀，到广东肇庆端溪书院任主讲。1890 年移任广州广雅书院（广州中山大学前身）山长（校长）。故居坐北朝南，分门屋 3 间，堂楼 3 间，左右厢房各 6 间，围合成一座十八间宅院，硬山重檐顶。约经堂由朱一新亲自担纲设计营建，建筑的檐内外装修精致典雅，隔扇门窗采用广东的木棉板，纹理细腻。同时采用了西洋的进口材料，裙板采用阴刻烫漆画工艺，雕刻朱一新本人和好友的书画作品，题材以文人画为主。靠天井一周设靠背栏杆，额枋下设挂落等，书房内采用博古架、落地花罩等装修形式。书房的板壁镌刻了 8 幅清代书画、篆刻、金石、藏书等名家的书法字帖，其中有他收藏的张度的书法，还有书画家、金石家、收藏家、文人学者的作品，大多是和他共过事的同仁题赠，如篆刻大家黄士陵当时在广雅书院任校刻。另一间房子的板壁雕有两幅透雕芭蕉与梅花题材的巨幅画，颇具巧思，是江浙文人宅第的典范之作。泉井一口，位于葆真堂和约经堂之间的石子巷内，有六角形井圈。2019 年，朱店朱宅被公布为第八批全国重点文物保护单位。

二、总体评价

朱店朱宅具有士大夫宅第气息，充分体现了清代江南士人的文化喜好和审美特点，具有重要的艺术价值。其中约经堂是朱一新任广雅书院山长期间建造的，是他人生经历的重要见证和载体。建筑风格体现了西洋元素和岭南文化等多元文化的交融渗透，对清末建筑上多元文化互融的研究有一定的参考价值。建筑整体格局保存完整，主要文物建筑的形制特征、材料和工艺特点等都保留了历史原状，历史环境保存完整，建筑选材精良，雕刻精美，建筑中的隔扇门均有阴刻画，不少画出自朱一新本人之手，外檐装修的门窗采用广东的木棉板，裙板采用阴刻烫漆画工艺，匠心独具，同时对清末雕刻技法有一定的创新，具有较大的研究意义。

建筑地址：浙江省义乌市赤岸镇朱店村（图 4–200 ~ 图 4–208）。

图 4-200　朱店大夫第门楼

图 4-201　朱一新故居门窗雕刻

图 4-202　朱一新故居内的美人靠与檐下挂落

图 4-203　朱一新故居内景

图 4-204　朱一新故居木雕槅扇

图 4-205　朱一新故居名人书法雕刻

图 4-206　朱怀新故居槅扇

图 4-207　朱怀新故居隔扇局部

图 4-208 阴刻烫漆画工艺裙板

第二十四节　俞源古村（武义）

一、沿革概况

俞源村位于浙江省金华市武义县西南部，距县城 20 公里，是全国规模最大的俞姓聚居地之一。该村以其深厚的文化底蕴，奇异的布局，罕见的古建筑群和精致的木雕、砖雕，以及一个个不解之谜吸引着国内外众多游客、专家、学者前来。

走进俞源古村落犹如走入历史的迷宫。武义俞源太极星象村布局奇异，神奇而又神秘。据考证，俞源村是明朝开国帝师刘伯温"按天体星象排列"设置的村落，村口设有直径 320 米，面积 120 亩的巨型太极图，村庄内主要的二十八幢古建筑是按天空中的星座排布的，村中还有防火、镇邪用的"七星塘""七星井"，体现了人与自然和谐相处、"天人合一"的理想境界。从村庄的大环境到民居的小环境，刘伯温将天体星象学运用于俞源村的整体规划和环境改善。村民勤于耕织，经济渐趋繁荣，至明清时期达到鼎盛。

俞源名胜古迹甚多，有始建于南宋的圆梦胜地洞主庙，有建于元代的"利涉桥"，而明代的古建筑，全村共有 1 072 间，占地 3.4 万平方米，有民居、宗祠、店铺、庙宇、书馆等。现存宋、元、明、清古建筑 50 多处。2001 年，俞源被国务院列为"全国第五批重点文物保护单位"，2003 年又被国家建设部和国家文物局列为"首批中国历史文化名村"。古建筑体量大，建造精致，墙上壁画保存完好，木雕、砖雕、石雕更是巧夺天工，将功能与艺术、实用与美化很好地结合在一起，并与建筑主体结构完美地融合起来，独具江南风格。走进村落小巷，不远处可以看见的声远堂，声远堂内有一大奇观，前厅的百鱼梁上九条木雕的鲤鱼会随着季节气候的变化而变化。声远堂为清康熙二年所建，因正厅正对巍峨苍翠的六峰山，故又叫六峰堂和大花厅。整座大堂共分为前后两部分，共 92 间。前厅宽敞高大，梁饰华丽、精美，小太极图雕塑玲珑别致。后厅雅致宁静，有较高的文物价值。环视整座老屋，柱基均为明代典型的覆盆式，雀替雕花古朴典雅，地梁全用砖雕，栋梁、桁条、牛腿均为木雕之精品，特别沿口的三根桁条雕刻更是令人惊叹叫绝。它的左边是百鸟朝凤，右边是蛟龙出海，中间是四只麒麟及鹿、牛、羊等动物，故有"百兽大梁"之誉。转过右侧的沿口，就是百鱼梁了。桁上有九条鲤鱼，他们会随季节气候的变化而变换颜色，或黑或黄或红，甚是奇妙。门板上的雕刻更是一绝，如赴京赶考、状元回乡、清官难断家务事、婆媳吵架我左右为难等，都体现了古时人们的生活场景。

俞源村的许多建筑结构合理、科学，而且大多具有较高的艺术价值。例如精深楼，又称九间头，清道光时所建，此屋有九道门之多，层层设门是为了防盗，其中第七道门下还设有暗道机关，盗贼误入就会掉入陷阱而束手就擒。这幢民居的另一个特点就是整幢房屋的石雕、砖雕、木雕均精雕细刻。不仅如此，木雕的内容也相当独特，白菜、扁豆、丝瓜等蔬菜以及小白兔、小狗、蟋蟀、蜜蜂等动物、昆虫均成为雕刻的主题，体现出主人效法自然、悠闲自得的田园生活，富有人文情调。

俞源的俞氏宗祠是浙江最大的宗祠，建于明代隆庆年间（公元 1567 年），包括正厅、中厅或寝堂及两侧的庑厢、廊房等，整座院落的建筑错落有致，犹如天成。经过岁月风霜的洗礼，让那些飞檐、牛腿、门雀及众多名人名家题写的匾额逐渐变得暗淡而失去了光泽，但它们却依然在述说着俞氏家族曾经的辉煌。

俞源村的古宅是浙江中部和东部的建筑样式，院落宽敞开放，不似徽州民宅那般紧凑。其典型样式也是三进两院，前厅后宅，围墙高大，有封火墙。俞源的古宅保存状况十分好，几乎没有现代的房屋。俞源村历史上曾是商业重镇，因此这些古宅比较豪华气派。

二、总体评价

走进俞源古村落，你会深深感慨在如此广袤的大地上，竟然还有一个如此独具特色的"世外桃源"。武义县俞源村是一个充满神奇色彩的古村落，这个村的太极星象等神秘文化遗存不断被发现，引发了国内外专家极大的兴趣和关注。刘伯温按天体星象原理规划俞源村布局，意在营造良好的风水环境，使俞氏家族兴旺发达。这看起来只是一般的堪舆行为，事实上却已具有朴素的生态学意义，是古代环境生态思想在村落建设上的具体体现，其保存完好的大面积明、清古建筑群是珍贵的历史财富。有人说走进俞源就如进入人类历史文明的大观园，它的一砖一石都极富人文色彩，每一条古巷、每一幢古宅都有讲不完的故事。

建筑地址：浙江省金华市武义县俞源村（图4-209～图4-217）。

图4-209　洞主庙外景

图4-210　六峰堂外景

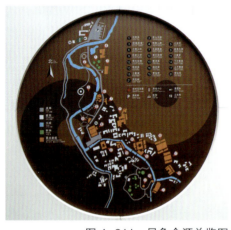

图4-211　星象俞源总览图

图4-212　六峰堂的前厅空间

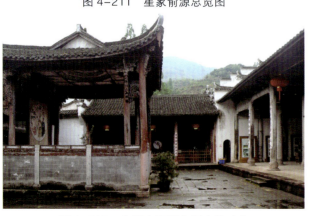

图4-213　俞源宗祠及宗祠内的戏台

图4-214　古民居内的门窗雕刻

图 4-215　六峰堂百兽大梁

图 4-216　六峰堂内的净窗雕刻

图 4-217　六峰堂内的镂空双面雕刻窗

第二十五节　厚吴古建筑群（永康）

一、沿革概况

厚吴村位于永康市南端，与缙云县接壤。现存永康农村第一大古建筑群，整个村现存宋、元、明、清各个朝代的厅堂楼宇、民宅大院、庐墅精舍近百幢，总数 1 000 多间。基本保存了原有格局，巷道纵横、池塘密集，水系清晰，建筑连绵，类型齐全。"如果建筑是立体的诗，厚吴就是一部历经八百来年锤炼增删而成的诗集；如果建筑是无声的歌，厚吴就是一部回响着天籁之声和人间悲欢的曲谱"，《厚吴古民居》宣传小册里的这句话正是它动人的写照。

吴氏宗祠始建于明嘉靖丁未年（1547 年），现除花砖门楼是初建遗构外，其余都是清光绪年间在太平军火焚后的废墟上重建。该宗祠前后三进，规模宏大，富丽堂皇，正对水池前的空地原有六座巍峨的青石牌坊，"文化大革命"时全部拆毁，一些残件还散落在祠堂内。门厅三间，外有抱鼓石、旗杆磉、旗杆石等，左右五花山墙上有墨书"文谟""武烈"和一些水墨画，正中大门石刻"吴氏宗祠"。中厅"叙伦堂"五间，石柱木梁，九架抬梁结构，粗大的额枋上悬挂着数十块匾额和一方家规，大多是明清原物，稍间山墙砖壁的"忠孝廉节"四个翰墨大字也是难得的书法精品。后寝七间，五明二暗，供奉着吴氏世代先辈的牌位。两侧厢房 20 余间，同样挂满古匾。

总祠下有各个房派的分祠，其中现存的"吴仪庭公祠"于 1915 年重修，前后三进，左右厢房，前有四柱五楼式门楼，内部装饰美轮美奂，据说当年祠堂建成后，所有的彩绘、木雕都用棉布罩住，只有在重要节日时才能掀起"神秘的面纱"，可惜这些民间珍品惨遭毁坏，一些牛腿、雀替已面目全非，但门窗的雕刻非常精细。"向阳公祠"大约也是清末民初所建，前后两进，左右厢房，石柱上有阳刻楹联，所有梁枋、柱头都遍布彩绘和浮雕。"丽山公祠"建于清乾隆十年（1745 年），20 世纪初期重修，四柱五楼式砖雕门面，前后三进，左右厢房。"澄一公祠"建于清顺治二年（1645 年），道光年间重修，前后三进，左右厢房，石柱木梁结构，前天井四周的牛腿、彩绘保存原貌，后天井四周牛腿为近年重修恢复。

住宅建筑中的厅堂精舍也是厚吴古村的精华所在。比如，建于清嘉庆十五年（1810 年）的司马第是当时名闻遐迩的仕途之家、书香门第，该建筑共三进三天井，29 间，入口处设置重门，第一道门为二柱三楼式砖雕门楼，正反面阳刻"司马第"，二道门为月形门洞，三道门由一主二附门组成。一、二进门窗，牛腿等处是大面积的木雕杰作，历史典故、花鸟虫鱼、琴棋书画等图案无奇不有，绦环板上更是雕出了字字传神的楷书诗句，令人目不暇接。建于清乾隆八年（1743 年）以前的"树玉堂"共两进两天井，有牌坊式门楼，砖雕一斗三升，前厅用材粗大，梁皮、雀替处高浮雕飞禽走兽类题材，特别是正厅横梁底部用深浮雕手法雕刻的百鸟朝凤构件百鸟姿态各异，鲜活生动，令人叫绝，后堂楼和厢房有明代遗风的木雕护窗。建于清乾隆、嘉庆年间的存诚堂据说是由"父子登仕"两代先后建成，前两进较朴实，最后一进却精雕细刻，共 26 间。其他比较好的宅院还有衍庆堂、聚庆堂、新屏山精舍、奎壁联辉、兰花居、桂花居、前轩间、青藤柴门等。2019 年 10 月，厚吴村古建筑群入选第八批全国重点文物保护单位名单。

二、总体评价

厚吴古村除了祠堂多、古宅多、古匾多、木雕多外，民间艺术也很多，每年都有丰富多彩的庙会、灯节，还有婺剧、十八蝴蝶、打罗汉、大头娃娃等民俗表演和刺绣、编织、打铁等传统手艺。走在满是岁月苔痕的石板巷弄里，几百年的老宅在无声地诉说它的曾经。在窗棂门板上，四郎探母、状元回乡、渭水访贤、鱼跃龙门、喜鹊登梅、代代封侯、三阳开泰这些精美木雕护佑着这个世风古朴高淳的村落一代又一代人平实安康。厚吴古村，一个需要静心去体会、用心去解读、真心去呵护的传奇古村。

建筑地址：浙江省永康市前仓镇厚吴村（图4-218～图4-227）。

图 4-218 吴仪庭公祠外景

图 4-219 澄一公祠至德堂

图 4-220 吴仪庭公祠内天井

图 4-221 司马第内的门窗雕刻

图 4-222 古民居内的窗户形制与雕刻

图 4-223 玉树堂内明代遗风的木雕护窗

图 4-224 吴仪庭公祠两侧厢房门窗雕刻

图 4-225　吴氏宗祠内景

图 4-226　吴氏宗祠内的门窗棂格

图 4-277　司马第内的门窗雕刻局部（苏武牧羊与状元回乡）

第二十六节　梓誉钟英堂（磐安）

一、沿革概况

东阳磐安分县前，梓誉历史上一直属于东阳，地处东阳江上游，北与东江镇的新城相接。据《梓誉蔡氏宗谱》记载，其始祖为宋代理学名家蔡元定，此人深受理学大家朱熹的推崇，并与朱熹有深厚的友谊。

宋明理学兴起于两宋，盛行于元明，清中期以后虽然逐渐衰落，但是梓誉蔡氏子孙仍不忘祖训，建筑的建造与装饰当然也离不开理学思想的影响。钟英堂建于清乾隆年间（1758年前），三合院、三个开间、十三间头，方砖铺地，明次间不设围栏，为私家花厅，两边厢房为家人住房，钟英堂后的下厅民居，为主人家的宾客厢房。两侧厢房门窗之绦环板已被铲平，已无法看到轮廓，但所雕人物的动态仍依稀可见，或挥刀，或骑马，或交谈，或休息，或上殿，等等。幸存的两块花板，一块为佘赛花拄着龙头拐杖坐着，旁边坐着杨排风，神情凝重，向朝中大臣（或仙人）求教破敌之策，一块应是杨延昭向朝中同僚诉说战事情况，有很多都是骑马大战的场面，隐约可以看出北宋时期，杨家一门忠烈、贤臣刚正不阿的情形及杨家子弟的爱情故事。大厅明间雀替为"隋唐演义""三箭定天山""丁山请缨""张良拾履"等戏文情节，山墙前檐梁下雀替"渔、樵、耕、读"。大厅四琴枋分别是以蜂、鹿、猴、鹊的组合，鹤、鹿、马的结合、喜鹊与狮子的组合、羊与喜鹊的组合，配以松、梅、莲等图案。琴枋与牛腿连接处的花斗用荷叶造型，有爵禄封侯、喜报福寿、喜气洋洋、喜事临近、富贵连堂等寓意。题材的选取体现了在理学思想背景下主人的一种主观意向。图案的选取都突出忠义礼智信，讲究品德气节，强调为人的使命与责任，对培养子孙后辈的优良品德特别是忠君爱国方面的精神，起到了积极作用。

钟英堂屋主蔡亨洪，字尔广，清乾隆年间进士，家境富裕。《梓誉蔡氏宗谱·蔡明经尔广翁行传》记载尔广公的画应是名声在外，众所周知的。"钟英堂"的诞生肯定与屋主的兴趣爱好有密切的联系，因为只有拥有好的审美观才会设计出好的装饰图案。"钟英堂"平面布局由围墙、天井、厢房、厅堂及鱼池（现已毁）组成，三合院的建筑，三开间，面阔12.30米，进深9.60米。抬梁式与穿斗式相结合，明间抬梁式九檩前轩后栏用四柱，前轩罗锅椽卷棚顶，柱础为带圆点的鼓式形，上下饰二圈泡钉。东西厢房各六间，为穿斗式二层楼房。整座建筑雕刻题材多样，涉及范围广泛，月梁、雀替、半拱、柱础、洞门以及门窗上的窗格、花板等都雕刻了各种艺术图案，飞禽走兽、花鸟山水、戏剧故事等应有尽有，寄情于物，托物言志。其中正厅贴雕是整座建筑的精华所在，在该厅的上方有三根镂空雕刻的横梁，中间的横梁雕有群狮戏球图，左边的横梁镂空雕刻的是百鹿飞奔，右梁雕刻的是群鹤翱翔。镂空的花卉草木、飞禽走兽栩栩如生，惟妙惟肖，鸟在展翅，花在临风，龙腾虎跃，意境灵动。作为远古图腾的龙，一直是封建社会中权利地位的象征，因避讳皇权，民间都以抽象的形式出现，如爪子经常是四爪，厅内牛腿上雕刻着各种类型的龙形，有草龙、菱龙、拐子龙、倒挂龙、鱼龙等，雀替上雕刻拐子龙，月梁两端雕刻龙吐水纹等，檐檩下雕二龙戏珠、腾龙驾雾，忽隐忽现，堂内群龙腾舞，有上百条之多，充满着神奇的色彩。在封建礼制甚严的情况下，也只有一些从艺者才有这样的胆魄来违制。该厅两侧金字墙采用的是手磨方砖，金字墙边上的门垛也用磨砖制成，且上方刻有许多线条流畅的图案。天井中原有溪水引进，凿有鱼池，置有花坛，使整座建筑的格调变得高雅。建厅时主持人蔡亨洪亲自设计，遍请名师，高手齐集一堂，才有此炉火纯青的传世佳作。

二、总体评价

钟英堂在朴实的外衣之下藏着最惊人的艺术和最悠久的历史。钟英堂是江南地区保存较为完整的明清古建筑，三合院的平面，采光通风、功能结构都非常合理，木雕的内容涉及面广，有山水、花卉、飞禽走兽、人物等，圆雕、浮雕、镶贴交相生辉，当为清代"康乾盛世"东阳木雕的代表性作品，堪称目前为止最精美的"木雕诗话"，被民间称为"艺术的礼堂"。"钟英堂"木雕作品画面生动，雕刻技艺精湛，位置布设得当，题材寓教于乐，为研究东阳明清木雕文化与技法的工作者提供了一个较好的范本。此外，钟英堂的木雕艺术对于研究南宋理学在磐安的发展历史也有一定的价值。

建筑地址：浙江省磐安县双溪乡梓誉村（图4-228～图4-237）。

图 4-228　梓誉钟英堂古建筑全景

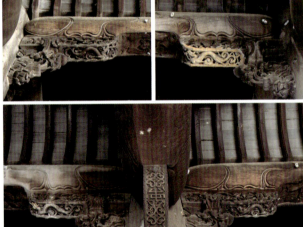

图 4-229　檐下龙形图案

图 4-231　精美的木雕图案

图 4-230　大堂内的门窗雕刻

图 4-232　檐下木雕装饰

图 4-233　生活场景的绦环板

图 4-234　钟英堂刊头琴枋装饰木雕

图 4-235　群鹤翱翔檐檩

图 4-236　百鹿飞奔檐檩

图 4-237　群狮戏球檐檩

第二十七节　榉溪古村（磐安）

一、沿革概况

榉溪村始祖孔端躬，系孔子四十八代裔孙，原籍山东曲阜，登进士第。南宋建炎四年（1130年），金兵攻陷兖州，孔端躬与父亲若钧、伯父若传、兄长端友等护驾南渡来浙，伯与兄寓居三衢，后遂为孔氏南宗。端躬侍父随驾，抵台州章安镇，经榉川时父亲病逝。该村原名桂川庄，村以溪名，自重重叠叠的岗峦上奔流而下，居民住宅也沿溪分布，村西有大路水库和电站，村北有金钟山，南有来龙山，叠嶂参差，凝烟含翠。村口新建石桥，桥上建屋，砌有座凳，一端连接门楼，另一端连接围墙，壁宇清净，幽雅古朴。

村内古民居建筑特色明显，大都为清、民国时期建筑，卵石砌墙，独具一格，主要有孔氏家庙、九思堂、善祠堂、余庆堂等。孔氏家庙保存完好，家庙坐南朝北，是明末清初时期的建筑，门口匾额上"孔氏家庙"四个字依稀可辨。孔氏家庙最早建于南宋宝祐年间，即1253—1258年之间。当时宋理宗给予"婺州南孔"五级恩典，其中一级恩典就是在榉溪南岸杏檀园赐造至圣家庙。孔氏家庙从南宋宝祐年间赐建以来，元、明时期多次由朝廷拨款修建。

孔氏家庙古朴宏伟，堂构考究，整座建筑由门楼、戏台、前堂、穿堂、后堂组成，左右对称，布局严谨，气势恢宏，朴实森严。五开间，通面阔21.50米，通进深30.30米，面积880平方米，屋柱多达84根。门楼通进深4.87米，梁架穿斗式，五檩前后用三柱。前厅、后堂是五开间，抬梁式和穿斗式相结合。正门入口呈八字形，正门上方书"孔氏家庙"，文字下方为扇形枋心百寿图木雕，9个人物惟妙惟肖。正门两边檐柱牛腿雕人物故事、花篮、狮子等图案，屋檐下墙体绘人物、动物、花草等壁画。进门处为戏台，正方形，长、宽各4.60米，为轩阁式结构，内设天花，飞檐翘角，正脊用花砖叠砌，中间插定风叉、歇山顶。檐柱刻对联"三字经人物备考、一夕话今古奇观"，牛腿雕封神榜人物故事，戏台两侧洞门券顶书"金声""玉振"字样。在门楼与前厅、前厅与后堂之间的东西两侧有过厅相连，抬梁式，五檩前后用二柱。前厅高出门楼0.15米，五开间，通面阔21.00米，通进深8.40米。抬梁式和穿斗式相结合，七檩前后用四柱。明间柱头置栌斗，边缝柱头无斗栱。檐柱牛腿雕狮子、大象图案，横梁雕龙、狮、花草等。穿堂，抬梁结构，牛腿雕花草、动物、云纹等图案。后堂五开间，高出前厅0.63米，通面阔21.00米，通进深8.85米。抬梁式和穿斗式相结合，七檩前后用四柱。造型朴实，柱头无斗栱。明间设祖龛，额坊上悬挂"如在"匾额，两边金柱刻有"脉有真传尼山发祥燕山毓秀，支无异派泗水源深桂水长流"对联。门楼、过厅、前厅、穿堂、后堂地面全用石板铺砌，天井用卵石铺砌。柱础鼓形、方形、礩形等，个别柱础为元、明时期遗物。早先，家庙里还有"万世师表"的金匾一块，但是在"文化大革命"时期毁了。现在珍藏的文物还有《孔氏家谱》、至圣先师牌位、吴道子画的孔子刻像拓本等。

榉溪村的历史建筑保存较为完整，整个村庄呈船形，村庄东西长700米，南北宽不到200米。现保存较好的民居建筑主要为木构和砖石混合式，挑檐、垛墙、镂窗既外观朴实又有文化内涵。屋顶为坡屋顶，平面布局以合院为主，又有天井院落，质朴中具有多样性。

二、总体评价

榉溪村为江南孔子后裔最大的聚居地，被称为"孔子第三圣地"。村中建筑大多为清、民国时期古民居，从选址、设计、造型、结构、布局到装饰美化都集中反映了婺州（今金华）山地建筑的山地特征、风水意愿和地域美饰倾向。孔氏家庙与榉溪村落及周围的山川环境融为一体，体现了中国古代天人合一的哲学思想，对研究婺州南孔的历史变迁和儒家文化具有很高的历史、艺术、科学价值。榉溪村较为偏远，访客不多，走在榉溪村的任何一条巷子里都能感觉到悠久的历史气息，村落周围林木繁茂，阡陌交通，俨然人间桃花源。

　　建筑地址：浙江省金华市磐安县盘峰乡榉溪村（图4-238～图4-247）。

图4-238　榉溪古建筑群

图4-239　榉溪古建筑群

图4-240　村中的古民居一角

图4-241　孔氏家庙外景

图4-242　家庙内的前厅与戏台

图4-243　封神演义人物牛腿

图 4-244　家庙内的梁架雕刻

图 4-245　榉溪戏台藻井

图 4-246　双龙戏珠檐檩

图 4-247　动物牛腿

第二十八节　郭洞古村（武义）

一、沿革概况

郭洞位于距浙江武义县城 10 公里的群山幽岭之间，因山环如郭、幽邃如洞而得名。约 5 平方公里的景区内，层峦叠嶂，竹木苍翠，静雅宜人。"郭外风光凌北斗，洞中锦秀映南山"，这是古人对郭洞风景区的描述。

郭洞有着大片的明清古建筑，虽然鲜见豪门深院，但村宅之完整，保存之完好，可以说是一部从明代到清代直至民国的建筑编年史。据统计，郭洞村内有明代建筑 41 处，清代建筑 32 处，类型包括民居、宗祠、桥梁、厅堂、书院、戏台、庙宇、牌坊、商铺、城垣等。民居建筑多为三合院式，规模稍大的有前后两进；也有四合院式和呈一字形排列的，多为两层结构。建筑考究的在梁、檩、栅上雕有纹饰，前檐饰牛腿、雀替，雕刻手法简朴，线条流畅。明代建筑都是楼上厅，高大敞朗。而何氏祠堂和凡豫堂可以说是整个村落最为典型的建筑。

何氏宗祠，建于明万历三十七年（1609 年），规模宏伟，气象肃穆，总面积达 1 084 平方米。整座宗祠平面为长方形，由前后三座厅堂组成，厅堂之间有天井，左右皆有厢房相连，为三进两天井的合院式建筑。何氏宗祠在清乾隆甲子年（1744 年）、乾隆辛丑年（1781 年）、道光庚子年（1840 年）先后进行了三次修复。其中，第三次修复需要的人力、财力较多。门口上方一块白色匾额上提有"源泓派浩"四个遒劲有力的大字，该匾为明朝崇祯癸未年（1643 年）明朝世袭靖南王、浙江抚台耿精忠所题赠。两扇大门上彩绘两位身着宋朝宰相官服的文官门神像，与众不同。大门两边木刻对联是："入堂思起敬，绳武乐明伦"。门口上方墙上凸雕楷书"何氏宗祠"四个庄重大字。祠堂悬挂匾额现存 30 块，祠堂正厅、后厅及戏台边厅悬挂着明清两代浙江巡抚、抚台、学正、郡侯、邑侯、教谕、学师等名人题赠郭洞杰出人物的匾额 90 余块。祠中还建有 36 平方米古朴典雅的古戏台，戏台翘角飞檐，台前翘角顶端泥塑鳌鱼入海，屋脊东西翘角泥塑倒立飞龙。戏台柱梁的牛腿、雀替皆精雕细刻。戏台中部双层八角藻井内，至今仍保留明朝彩绘的花鸟人物。戏台后壁正面彩绘巨幅唐皇游月宫图，整座戏台辉煌华丽，古朴典雅。

凡豫堂是郭洞村较有代表性的古宅。凡豫堂建于明末崇祯年间（1628—1644 年），为族人何士珩的私宅，平面为前后三进的三合院，距今已有 360 多年的历史，以其科学的梁架结构，精湛的木雕闻名于世。门窗均用木头雕刻而成，花式繁杂，同一扇门窗用上了镂空雕、浮雕等多种技法，正反两面还有不同的图案，而且所雕之飞禽走兽、花鸟虫鱼无不栩栩如生。在西厢房的门窗上，刻了一匹马，马上还驮着两只长尾巴喜鹊，据说，这是给新婚夫妇的住所，意为"马上有喜"。旁边的鱼、虾、蟹等善产仔，意为多子多孙，儿孙满堂，再配上旁边的鸳鸯戏水图，意蕴深长。在正屋左右大房的窗上，上下左右周围八块木雕板上，雕的全是花与鸟。几十只鸟有的在花丛叶间鸣叫，有的嬉戏于亭廊之中，图案多为花鸟的组合，鸟鸣花开，一片春意。凡豫堂的正厅和楼上厅的大梁上雕着鱼群游于水中，当地称作"百鱼梁"。在正面两厢主要的窗子上，雕着的也是鱼。在一块不到 30 厘米的木雕里，竟雕有七条大鲤鱼聚游在水草间。其中，另有一幅鲤鱼跳龙门的景象，下面是几条鱼，上面是一条龙。鱼既多子又寓意富裕、绰绰有余，鱼越多越好，所有才有"百鱼梁"的出现。而鲤鱼跳龙门具有象征主人一步登天、财源滚滚、步入仕途、高官厚禄之意。

郭洞除何氏宗祠、凡豫堂外，还有海麟院、文昌阁、燕翼堂、纫兰堂、务滋堂等大量的古建筑留存，建筑多数饰以雕刻，很多木雕皆是不可多得的艺术珍品。

二、总体评价

郭洞古建筑有古朴大度的明代廊柱，精雕细刻的清代牛腿，受到西洋风格影响的民国门窗。整体布局合理，道路纵横有序，卵石铺地。民居以院落为主，通常是一进、一正两厢。正屋中间是厅堂，起居会客之所，两边都是等格局的房间，一样的式样不一样的位置。无论是梁上还是牛腿、雀替、门窗的木雕以及砖雕、石雕中都以动物、植物、器皿以及几何纹图案为主。它们或独立或几种组合在一起，成为具有一定含义的装饰题材，而其中用得比较多的是动物中的鸟、鱼、龙、鹿和植物中的兰花、菊花和竹子等。郭洞古建筑的木雕精雕细琢，风格迥异，祠堂的匾额等都有一定的教化作用。行走在郭洞村的小弄里，感受到一种恍惚从宋词中飘散出来的清丽婉转，那些氤氲在黑白分明建筑中的古意，正散发出浓浓的韵味。

建筑地址：浙江武义县武阳镇郭洞村（图4-248～图4-257）。

图 4-248 郭洞景区入口处

图 4-249 何氏宗祠外景

图 4-250 何氏宗祠梁架

图 4-251 梁下龙纹深浮雕雀替

图 4-252　宗祠内的戏台

图 4-253　凡豫堂门窗

图 4-254　凡豫堂花鸟门窗（局部）

图 4-255　纫兰堂门窗雕刻局部

图 4-256　凡豫堂深浮雕门窗绦环板

图 4-257　纫兰堂门窗雕刻

第二十九节　诸葛长乐村民居（兰溪）

一、沿革概况

诸葛村是全国诸葛亮后裔的最大聚居地，村落布局极为奇巧罕见，房屋高低不一，错落有致，结构精巧别致，气势雄伟壮观，空中轮廓十分优美。这些建筑是南宋末年诸葛亮的后裔诸葛大狮迁居于此后，为纪念其先祖诸葛亮，按照九宫八卦阵的图式精心设计建造的。

目前该村明、清建筑保存较好的厅、堂各有18座，还有3座石牌坊、18口井及8条主巷。民居建筑群青砖灰瓦的马头墙古朴端庄，民居窗棂上的八卦图随处可见。民居与祠堂、巷道、古井一起组成阴阳之相生相辅、祥瑞气升。其中最典型的为丞相祠堂，丞相祠堂建于明万历年间，面阔五间，进深三间，高10米，建在1米高的台基上，是宗室、祭祀场所。建筑中庭选用了4根直径约为50厘米的松木、柏木、桐木和椿木，寓意"松柏同春"。整个祠堂翼角高翘、雕刻精美、造型庄重、气派威严，充分体现了诸葛后人对自己聪明睿智、鞠躬尽瘁的先祖的崇敬之情。大公堂也是为了纪念诸葛亮而建的，坐北朝南，前面是"钟池"。大公堂为三进两明堂，正门当中额枋上有白底黑字的"敕旌尚义之门"的横匾，大门两侧次间粉墙上有楷书的"忠、武"两个大字。大公堂内挂着"三顾茅庐""舌战群儒""七擒孟获""草船借箭""借东风""空城计""巧布八阵图""白帝城托孤"8幅画，让人可以缅怀当年诸葛孔明的风采神韵和丰功伟绩。

诸葛村大部分住宅都造在起伏的山坡上，从前到后逐渐升高，叫作"步步高"。住宅的门头都是精美的雕砖，门头边由简到繁变化很多，华丽的披檐有雕刻精致的牛腿、斗拱、月星等，矮门以花格心为主，玲珑剔透。矮门上方离门楣大约30厘米的位置，架空有一道纤秀的月梁，曲线柔和而有弹性，作一些浅浮雕，与矮门呼应，完成了门洞的构图。门框的两侧抱柱上各挂一只木雕的葫芦形或花瓶形香插。村里很多民居大堂内天井照壁上写着的"福"字很特别，仔细观察"福"字的结构组合，左边偏旁为鹿，谐音"禄"字，右边偏旁为"鹤"，"鹤"代表长寿，而暗藏个"寿"字，鹿鹤相逢为"喜"，本字为"福"，同时蕴涵着"福、禄、寿、喜"这四个字。

与诸葛村同时被列为全国重点文物保护单位的长乐村却如隐士般躲在诸葛村的盛名之下。长乐村离诸葛村仅一公里，其村历史悠久，为宋代理学名家金履祥的后裔聚集地，是一个以血缘文化为纽带的农耕村落，有"长乐福地"之称。长乐福地是我国江南地区唯一的帝皇文化景区，相传朱元璋在此参拜北斗而得福。

据文物部门统计，长乐村现保留着127座始建于元、明、清的古建筑群，有一条横向古驿道、三条纵向主街道，成枝权状分布。金大宗祠位于村落东侧，建于明万历年间，是长乐村金氏家族的总祠，是在全村建筑中占据地位最高的一个。祠堂建筑风格凝重沉稳，梁柱、石阶、铺地、门户无一不是巨制，门楼气势恢宏，门头的飞檐翘角像一只欲展翅飞翔的雄鹰。建于明景泰年间的象贤厅是村中最大的古建筑，三开间，门阔30米左右，厅内梁柱粗壮高大，雀替、明梁雕刻精美。建于清中期的滋澍堂在原望云楼前庭遗址上改建而成，其特色是内厅梁柱皆为歪木，并饰以"长乐八行"雕刻，以教化子孙。而建于元代至正年间的望云楼雕梁画栋，高浮雕飞禽走兽和牡丹云彩等图案，精致逼真，非常华丽，梁架用材硕大，如今后进两层厅仍保存完好。对此，前来考察的北京故宫博物院古建筑专家叹为观止，称之为"江南黄金屋，一楼值千村"。

二、总体评价

诸葛村的建筑非常富有特色，所有建筑的平面结构酷似八卦图。位于诸葛村九宫八卦阵中心位置的钟池，一半是陆地一半是水塘，并且两面各有一口水井，构成了具有象征意义的鱼形太极图。钟池的周围有八条弄堂扩向四周，使村中的所有住宅都极为自然地归入乾、坎、艮、震、巽、离、坤、兑这八个部位，这种建筑形式具有极强的观赏价值和防卫功能。村中建筑格局按"八阵图"样式布列，建筑有"青砖小瓦马头墙，肥梁胖柱小闺房"的特色，其布局之奇特、用材之考究、雕刻之精巧，实在令人叹为观止。长乐村的古建筑群更是历经元、明、清等各个时期，见证了历史的演变。朱元璋的立基大业、刘伯温的神秘风水等丰富的民间传说，与古意盎然的建筑相交织，形成了一种神秘的长乐"福地"文化。同时，该地对理学文化的研究也有一定的价值。

　　建筑地址：浙江省兰溪市诸葛镇诸葛、长乐村（图4-258～图4-267）。

图4-258　长乐村金大宗祠

图4-259　大公祠内的梁架装饰

图4-260　诸葛村钟池

图4-261　丞相祠堂檐下木雕

图4-262　丞相祠堂中庭

图4-263　长乐滋澍堂檐下木雕

图 4-264　丞相祠堂松柏同春牛腿

图 4-265　滋澍堂长乐八行雕刻

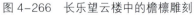

图 4-266　长乐望云楼中的檐檩雕刻　　　　图 4-267　象贤厅内梁架雕刻

第三十节　陈肇英故居（浦江）

一、沿革概况

陈肇英故居位于浦江县黄宅镇古塘行政村，古塘村因塘而名，位于浦江县黄宅镇东北部，义乌溪、浦阳江交汇处，在隋朝时设有码头，历史上有"潮溪夜渔"之称。相传唐代的水利建设为古塘村遗存了连绵不绝的水塘群，先民因山就势，选址处背山面水，村内现有池塘13口。村庄占地3平方公里，有古塘、山里翁、东林三个自然村。自古以来人文鼎盛，风景秀美。

古塘村从周代开始已成村，属姑蔑国，在越国时期为历代流放官员和充军之地，在越国时就为"教养所"，新中国成立后仍是改造国民党的劳动教养所。不同种姓的人在此汇集，村内姓氏最多时期一度达70余姓，经历多方文化的洗礼后，至今仍有27个姓氏，堪称"百姓"汇集之地。2015年获批浙江省第五批省级历史文化名村，2016年入选第四批中国传统村落。

走进村口，就能看到省级文物保护单位——陈肇英故居。陈肇英（1888—1977），子雄夫，曾担任中国国民党中央纪律委员会委员、中央评议委员等职。陈肇英关怀乡梓公益事业，募资在古塘附近筹建普义中学（后称中山中学）和普义石桥。身居台湾的陈肇英一直心系祖国，临终前还关怀着家乡的教育事业，将所有遗产献之于中山中学。

整组建筑坐东朝西，由中轴线的门厅、正厅、堂楼和南北厢房组成，中轴线均为三开间，南厢房为六开间辅设楼梯间，并有三处楼廊与中轴的门厅、正厅相连，北厢房为十一间夹两弄，两弄兼作楼梯间并设门通院落外部。门厅正中设正门，南厢房前廊的西山、北厢房前廊的东西两山，各设仪门，均采用石库门。故居的花厅由浦江著名的民间雕刻家周光洪所作。门厅的雕刻以花鸟为主，檐柱为锦鸡凤凰牛腿，雀替及檐下部件都以各种花鸟饰雕。正厅的檐柱牛腿堪称一绝，双面镂空雕人物场景，采用远景、中景、近景布局，近大远小的透视原理，把战争的场面雕刻得惟妙惟肖。正厅的明间的三架梁下帖皮雕雕刻九狮戏球。两侧厢房以人物为主，门窗绦环板题材涉及面很广，有历史典故、有生活场景等。故居内精细入微的雕刻，题材丰富，造型别致，气韵生动，使人难以忘怀。走进小院，仿佛穿越到了木雕的世界，菱形的窗户泛着亮光，栏杆整齐划一，青石板的地面上写着时光，寓意着时光在此多停留片刻。建筑虽有些陈旧，但透着文化气息，四周摆满了牌匾，也经常是当地举行书画等文化交流的重要场所。故居门前保存有民国时期的古井一对。

陈肇英故居应是周光洪中年时的作品，是清末民初东阳木雕的经典之作。周光洪（1868—1941），字梦泉，一字孟潺，因专于柴根雕艺，故自称柴株人。他祖籍东阳，居住在浦江县的郑宅镇堂头村。他刻工精细，技法纯熟，所刻之物造型生动，妙趣天成，又善为祠堂、庙宇、戏台、楼阁的梁柱门窗装饰雕刻。他和他的徒弟们在杭州、萧山、诸暨、义乌、兰溪、建德、桐庐等地的花厅、祠堂、戏台、庙宇雕刻了许多斗栱、雀替、梁枋构件、花床、花轿、香亭等。一生作品数以千计，流传四邻各县及沪杭等城市，蜚声遐迩，为群众所喜爱。他一生著有《雕刻画谱》《雕刻技法》《牛腿刻谱》等。周光洪一生从事民间厅堂建筑雕刻，因刀功出类拔萃名震一时，人称洪师。

古塘村历史文化遗产丰富，至今仍保存着相对完整的传统村落格局，留存有陈肇英故居、方青儒故居、印贞中故居等明至民国时期的各类遗存20余处。方青儒故居坐东朝西，由正房及两边厢房围合成三合院，建筑无正门，仅在厢房两侧第一间厢房走廊各开一门。布局完整，为典型的江南民居。印贞中故居坐北朝南，由二层三开间正房及两边各一间厢房组成，平面呈"凹"字形。面水塘山墙上有八卦图形，是村落中典型的风水建筑。

二、总体评价

走进如今的古塘，清风徐来，这里的雕梁画栋正被修复，文化遗产正被保护，这个古意绵长、引人入胜的古村落，正走上"逆袭"之路。若有空，可以走进古塘，身临其境地感受它，体会它的别样静美。古塘村的民居，既有浙江特色，又汇聚了因迁徙而带来的全国各地的地方特色，至今保存着相对完整的传统村落格局。陈肇英故居建筑依中轴线对称建造，为典型的浦江传统民居"廿四间头"。厅堂雕刻精致，题材相当丰富，特别对清末民初时期的雕刻技法颇为讲究。故居用材讲究，雕技精湛，是研究浙中地区近代民居典型风格建筑和建筑雕刻艺术的重要实物资料。

建筑地址：浙江省浦江县黄宅镇古塘行政村（图4-268 ～图4-276）。

图 4-268　陈肇英故居全景

图 4-269　门窗绦环板局部

图 4-270　文王访贤琴枋

图 4-271　三请孔明琴枋

图 4-272　帖皮雕九狮戏球梁

图 4-273　正厅的梁架结构

图 4-274　花鸟檐下部件

图 4-275　前厅檐柱锦鸡凤凰牛腿

图 4-276　正厅檐柱牛腿

第三十一节　寺平古村（金华）

一、沿革概况

寺平古村历史悠久。据《兰源溪东戴氏宗谱》记载，戴氏第八代先祖从元末明初即迁居于此，安家置业，世代繁衍，已有 700 多年的历史。据说明宪宗时期村中有"银娘"被选入宫成为"娘娘"后，村中逐渐兴旺，二十四座主要厅堂构成"七星伴月"布局。清代中期，寺平村是当地重要的集贸中心和交通要道。民国时期，寺平村还是重要的军政要地。抗日战争时期，有些古建筑毁于战火破坏。

寺平村古建筑基本上与银娘有关，《汤溪县志》第 10 ～ 11 卷 973 页有详细记载：戴氏，名银娘（前志官人），戴兰源寺平人，戴法华女，幼善书。宪宗时命中涓（近臣或太监）下江南选良家女，其家以银娘，入侍坤宁宫。后被宪宗朱见深封为"淑妃"，还给寺平建造了显赫的国舅府，免了寺平人 8 年的赋税。平至今还保留着众多奢华的厅堂，其中银娘出生的五间花轩最引人注目。人称大屋，始建于明朝宪宗年间，后经几代的修缮，大屋的格局从没变化，就连银娘当年的闺房还保存原样。大屋内柱不是很高，但柱身上下精细均匀，并用麻布生漆裹柱子，起到防火美观、防虫蛀的效果。屋内牛腿是只有皇官才能雕刻的龙头、凤凰图案，斗拱则刻以龙头、身、鹿脚，构思巧妙。窗花木雕精细，示出"银娘"居所的皇家气派和荣耀。

立本堂始建于清康熙年间，占地 300 多平方米，由戴氏后人戴公寒章所建，堂中构造宏伟，蝙蝠雕刻斗拱堪称江南一绝。立本堂的正厅比庭院高，后堂又比前厅高，从庭院到后堂有九步台阶，据说这印证了古人"九九归一"和"步步升高"之意。走过村中蜿蜒阡陌小巷，立本堂不起眼地映入眼帘，它的正厅比庭院高，后堂又比前厅高，从庭院到后堂有九步石板台阶，印证古人"九九归一"和"步步高升"之意。门厅檐柱 S 形卷叶撑拱，饰以动物、花草等纹样。

崇厚堂建于清代中期，位于寺平村的西南角，占地 2 000 多平方米。结构复杂，"前厅后堂，两侧两廊"的建筑风格，宗祠、民居、池榭、堂楼为一体，硕大的天井堪称江南一绝。清朝同治年间，厚堂家族享有"五代荣"，即排行"书、香、衍、庆、奕"五世得以同堂，因而得到同治皇帝"五代荣"的御赐。抗日战争时期，国民党设东南办事处，办公室就设在崇厚堂。门上的砖雕装饰自下而上可以分为十一层。据称，先人为了造崇厚堂，专门建了数个砖瓦窑，聘请能工巧匠烧制砖瓦。门面所用的各种图案的青砖，要做好相同的模具数十副，烧成后选择最好的进行安装，其他的一律毁掉，所以崇厚堂门楣上的"九狮抢球"成了绝版。

崇德堂建于清代中期，其门楼上的砖雕"福、禄、寿、禧"四个篆书，意寓对美好生活的向往。建筑空间布局合理，错落有致，居住起来冬暖夏凉，非常宜人。内部木构件雕饰十分精彩，梁枋整根采用圆雕、透雕技法，雕饰精美，是木雕中难得的艺术珍品，中堂龙形花拱为江南雕刻之罕见，前厅檐柱牛腿都采用折枝相送为题材。

敦睦堂又称洪四厅，由戴公法华的次子戴公庆，在明朝中叶年间建造，主人忙于事务，建造敦睦堂一事全部委托下人，堂中的木料选材细小，后来由于主人的指责，装修时即采取补救措施，堂内用朱红生漆油漆，这与寺平村的其他建筑不同。

百顺堂是戴氏宗祠，始建于明代，后毁败，清道光九年（1829 年）修复，建筑面积 800 平方米，此堂高大宏伟，堂内有戏台一座，可容千人观看。其顺堂为寺平最大的古祠堂，建筑面积达 1 200 多平方米，如今已改造成古村的红色记忆展览馆，成为寺平旅游的一张新名片。

寺平的砖雕与木雕的内容都有较深的文化内涵，从中可以折射出人们对人生仕途、山水田园风光与和谐社会秩序的渴望。

二、总体评价

寺平村始建于明代初期，古建筑面广、量大，院落及建筑保存较为完整，原有厅堂24座，现保存较为完整的厅堂仍有8座，建筑面积6 000平方米，古民宅2.2万多平方米。这些明清古建筑设计风格，受徽派建筑风格的影响，每座建筑的门面都镶嵌着数以千计的砖雕，雕刻着飞禽走兽、花草虫鱼、戏剧人物等图案，具有较高的历史、艺术、科学价值。有"中国最美砖雕在寺平"的美誉。村中的古宅厅堂清逸秀丽，长弄蜿蜒，阡陌纵横，木雕砖刻，移步换景，砖瓦栋梁异彩纷呈，展示着历史交融的古村文化。特别是在封建社会时期，违制雕刻龙形图案的建筑也较为少见。

建筑地址：浙江省金华市婺城区汤溪镇九峰山下的寺平古村（图4-277～图4-286）。

图4-277　寺平古建筑一角

图4-278　五间花轩大厅

图4-280　崇德堂内景

图4-279　改造成红色记忆展览馆的其顺堂

图4-281　用朱红生漆油漆的敦睦堂

图4-282　立本堂门厅檐柱雕刻

图 4-283　立本堂内的蝙蝠雕刻斗拱　　　　　　　　　图 4-284　崇德堂内龙形花拱

图 4-285　折枝相送题材的檐柱牛腿

图 4-286　五间花轩内的龙形牛腿

第三十二节　边氏祠堂（诸暨）

一、沿革概况

边村祠堂位于浙江诸暨市同山镇边村。据《重建大宗祠碑记》铭文记载，该祠始建于清光绪二十二年（1896 年），清光绪三十二年（1906 年）建成。坐北朝南。平屋三进，七开间，面宽一致，前有案山后有靠山，由门厅、倒座戏台、看楼、正厅、穿堂、寝室、节孝祠、功德祠、腹笥书屋等组成，占地面积 1 800 平方米。祠堂雕梁画栋，制作讲究。祠内所有檐柱牛腿、浮雕和透雕都有着不同的历史典故、人物山水、宫廷市井、海市蜃楼、飞禽走兽图案。画面构图严谨，刻工细腻，线条流畅，形象逼真。

门厅为单檐硬山顶建筑，五花山墙，面阔七间（明五暗七），进深七檩，分心槽柱网，圆形石柱。前檐柱文殊菩萨坐狮图与普贤菩萨坐象牛腿承托檐口，前廊做船篷轩，梁架雕刻绚丽夺目，戏曲人物、吉祥瑞兽、花卉植物、几何图案等一应俱全，两侧廊心墙和八字墙上各绘有数幅山水、人物壁画。后檐柱上有展示永康方岩、杭州灵隐造型的风景牛腿，明次间做二层，檐下用隔扇窗，梢间做拐子纹组合的天花顶棚，檐下装饰挂落。后檐明间向北"凸"出戏台一座。

戏台为单檐歇山顶建筑，灰塑龙形吻兽咬住玲珑花脊，翼角飞檐起翘，由四根八角石棱柱支起屋架，再用六根辅柱承托台面。台面用低矮的木栏杆围合，既可保护台上安全，又能避免遮挡观众视线。前后台分隔的屏风处悬挂"衍我列祖"横匾。戏台檐下密布象鼻昂斗栱，栱眼壁上是 27 尊天官神将的浮雕，全部贴金，威风凛凛。牛腿、额枋和挂落的雕刻更是有过之而无不及，琳琅满目的戏文几乎可以穿越上下五千年。戏台上最巧夺天工的是藻井，分成上下三层，外方内圆，底层用二十八攒七踩斗栱向上蔓延，龙形要头咬住穹隆顶下端，中层为十六个浮雕神仙，中间穿插翩翩欲飞的凤凰，上层为螺旋式的鸡笼顶，十六条漩涡盘旋上升，漩涡之间为层层环绕的斗栱，其中十四条中途便消失成小龙头，只有两条最终汇合至盘龙造型的明镜。戏台后的门厅二楼作为戏房，用于化妆更衣，也作为演员休息之处，至今在木板壁上还保留了十余处清末民初各戏班演出活动的墨迹。

戏台正对的是宗祠的主体建筑正厅，其堂号为敦睦堂，意为弘扬"敦本睦族"之传统。单檐硬山顶建筑，五花山墙，面阔七间，进深九檩，石柱木梁，抬梁式结构，前廊用一大一小双重船篷轩，四个檐柱牛腿上绘制了妇孺皆知的西游记，人物造型惟妙惟肖，每一只牛腿都由四个场景组成，四只牛腿分别为唐僧师徒四人西天行、哪吒牛魔王、三打白骨精、计收猪八戒，栩栩如生，后檐为单个神仙人物，朱金漆木雕把整组梁架修饰地十分华美但无繁缛之嫌。正厅东山墙上尚有三尊清宣统元年（1909 年）的《重建边氏祠碑记》，为后人解读祠堂历史留下了宝贵的文字记载，也是建筑断代最可靠的依据之一。东西看楼为单檐硬山顶建筑，观音兜山墙，面阔三间，进深四檩，上下两层，下层用槛墙，上层用美人靠，为入座观戏之处，檐下雕有八仙向外撑拱，较为少见。

正厅明间后檐的屏风门之后是穿堂，用于连接寝室，形成"工"字形布局，这也是"前堂后室""前朝后寝"的遗风所在。穿堂纵向三间，石质八角棱柱，45 度斜向牛腿用双面雕技法，各种历史人物造型，柱间额枋，挂落浮雕满堂的戏曲故事。顶部藻井虽然不及戏台，但也是匠心独运，为外八边内圆形，其中圆形部分为叠涩式做法，即利用斗栱的层层叠落形成穹隆顶，总共七圈十六道，汇聚到明镜，明镜做成垂莲造型。

寝室为单檐硬山顶建筑，五花山墙，面阔七间，进深九檩，穿斗式结构，前檐用五抹隔扇装修，内部用于安放边氏列祖列宗之神位。两侧有节孝祠与功德祠。祠堂两侧为配房。东侧配房名"腹笥书屋"，为族中子弟读书之处。

二、总体评价

边村是诸暨同山镇一个偏僻的行政村,在这个貌不惊人的村庄里藏着一座古建筑瑰宝边氏宗祠。它的木雕在浙中一带的东阳木雕中也是首屈一指的。而最为壮观的是祠堂中的那座古戏台,金碧辉煌的鸡笼顶藻井犹如天外星河般捉摸不定,又像在展示一个超脱尘世的神仙世界,显示出中国古代劳动人民建筑之科学精巧,智慧之高超绝伦。整座戏台,如同精致的雕笼,其精湛的雕刻艺术,堪称建筑中的瑰宝。边氏宗祠是一处建于清代的家族祠堂建筑,属于边氏宗族祭祀祖先和先贤的场所。不但雕刻精美,且建筑风格有明显的时代特点,为研究浙江一带晚清建筑史,提供了珍贵的实物例证。

建筑地址:浙江省绍兴市诸暨市同山镇边村(图4-287~图4-295)。

图 4-287 戏台藻井

图 4-288 戏台雕刻局部

图 4-289 戏台整体造型

图 4-290 前厅船篷轩

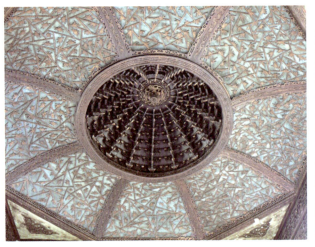

图 4-291 边氏宗祠穿堂藻井

图 4-292 建筑正厅敦睦堂

代特征，是一处研究浙江地区清代建筑史的重要实物例证，是研究民间庙宇建筑的重要实物，也是一处研究明清时期建筑木雕的重要实物，中厅内的建筑部件木雕美轮美奂，无与伦比。枫桥大庙还具有重要的纪念意义，周恩来在枫桥大庙长达40多分钟的抗日演讲，使枫桥大庙对抗战的胜利和爱国主义教育有了特别的意义。枫桥大庙现为绍兴市爱国主义教育基地。

建筑地址：浙江省绍兴市诸暨市紫薇侯庙（诸暨市枫桥镇中心小学东）（图4-296～图4-305）。

图4-296　大庙内的古戏台

图4-297　枫桥大庙外景

图4-298　中厅外景

图4-299　中厅梁架上的木雕装饰

图4-300　中厅梁檩上的木雕装饰

图4-301　中厅荷包梁上的木雕装饰

图4-302　后厅中的梁架木雕装饰

图 4-304　戏台螺旋式叠砌藻井

图 4-303　中厅檐柱外侧的人物撑拱

图 4-305　图门厅的轩廊顶木雕装饰

第三十四节　崇仁玉山公词（嵊州）

一、沿革概况

崇仁玉山公祠位于浙江嵊州崇仁古镇中心，是古镇的标志性建筑，坐北朝南，自南至北依次为照壁、前厅、戏台、正厅、后厅。正厅三间，面宽 14.80 米，进深 8.80 米。后厅面宽五间，两侧为厢房。建筑面积 948 平方米，建于清乾隆辛亥（1791）年，因崇仁镇望族裴氏纪念先祖玉山公而建造。玉山公（1700—1788），字佩锡，号玉山，附贡生，敕赠儒林郎，为裴氏十九世祖。玉山公白手经商起家，后来富甲一方，成了裴氏家族首富。他治家严肃、乐善好施，恪守义门家法，敦孝友、睦宗族、尚清廉，为后人所称赞。

崇仁古镇曾共有祠 31 座，以玉山公祠为最。一进大门就能看到左右两边的石窗，都是由一整块大石头雕刻而成，门厅的骑马枋、牛腿木雕艺术精致。往里走，最显眼的就是古戏台，也叫万年台，为单檐歇山顶建筑，四根上圆下方的石柱和粗大的梁枋构筑成台。戏台始建于清嘉庆十年，为崇仁祠庙中最精致的古戏台，著名越剧表演艺术家袁雪芬、傅全香、筱丹桂、范瑞娟等，在 19 世纪四五十年代都曾以此万年台为主要的演出场所。这万年台上的木雕牛腿雕刻精细，工艺精湛，堪称一绝，整个都是凿空的，属于镂空雕，上面的人物、形态、装饰都雕刻得非常细致，栩栩如生。如今保存如此完整，雕刻如此精细的木雕牛腿在全国都是罕见。牛腿中间整个雕刻的是大力神仙伏狮子，旁边雕刻有八仙，象征着降妖驱魔，有八仙相助能五谷丰登，国泰民安。其中，在一个牛腿九十度角的地方雕刻着两个下围棋的老人，能清晰地看到围棋盒、围棋盘，足以见崇仁围棋的渊远历史，崇仁古镇也因此拥有"浙江围棋之乡"的美誉。清光绪年间，崇仁围棋活动盛行，前后有"五虎""新五虎""小五虎"等在各种擂台赛夺魁。现国家著名九段世界围棋冠军马晓春的祖籍就是崇仁马仁村，他的启蒙老师便是崇仁人董樟根。万年台的台顶也叫笼顶，上台演出时能消除一定的杂音，起到回音的效果，让台下的观众听得更清晰。藻井上层木雕饰《八仙图》，下层施斗拱雕工精细，线条流畅。抬头向上看似浮云飞舞，八仙恍若在云中行走。台前的地上，是一个大型的元宝，象征着招财进宝。中间是"鲤鱼跳龙门"，有一大一小两条鲤鱼正翘首摆尾跃跃欲试，外围四周是用石子嵌成的四只蝙蝠，蝙蝠象征着福气、幸福。

玉山公祠的正厅，是祭祀先人和公众聚会的场所。仔细观察偌大的一个厅堂没有一丝的蜘蛛网或者雀巢，那是因为油漆时加入了一些硫黄，硫黄的气味对蜘蛛和鸟雀有一种驱散的作用，但是硫黄易燃烧，所以先人就在天井里摆饰了两只缸，这两口缸叫作太平缸，是用全紫砂制成的，既可防火又可增加美感。

祠后厅的木雕牛腿有非常浓厚的教育意义，"忠、孝、仁、义、勤、俭、慈、善"都在牛腿上得到了完美的诠释，有"薛平贵回寒窑"启示后人不能忘本，不可一朝为官就忘了在家的糟糠之妻；"真假美猴王"训示着后人要"火眼金睛、明辨是非"；还有"司马光砸缸"和"倒水浮球"体现了小孩子的聪明才智；"人狐鼠相处""愚公移山""济公济贫""三娘教子"这些牛腿不仅具有教育意义，而且雕刻生动、细致、栩栩如生。侧门出口处有一口虎井，又叫作铜锣井，冬暖夏凉。井边的地面上有一个用石子嵌成的花瓶，花瓶口上是一种古代的武器"戟"，它们代表着平安、吉祥，从上面走过来，裴氏祖先会保佑大家平平安安、吉祥如意。

二、总体评价

玉山公祠无论是建筑布局还是造型艺术都相当有特色，是江浙地区现保存较为完整的清代建筑实例，具有较高的艺术价值与研究价值。这里的三雕（木雕、砖雕、石雕）艺术工艺精湛，气势不凡，给人一种高远、深厚、古朴的美学趣味，折射出了明清两代崇仁社会生产力的发展水平，体现了旧时嵊州居民古宅的建筑艺术，美学和生态学的完美结合，凝结着当时社会的伦理宗法关系。特别是万年台的设计与装饰，在江南古戏台中不可多得，结构精巧、雕饰得体，可谓戏台建筑中的典范之作。门厅檐下的木雕"博古牛腿"更是玉山公祠雕刻艺术中的经典之作，具有极高的欣赏价值。

建筑地址：浙江省嵊州市崇仁镇六村（图4-306～图4-314）。

图4-306　玉山公祠前厅

图4-307　祠堂内的戏台

图4-308　戏台侧面门窗雕刻

图4-309　戏台侧面檐柱牛腿

图4-310　戏台琴枋雕刻（局部）

图4-311　门厅动物雕刻骑门枋

图4-312　戏台檐柱仙人骑狮牛腿

图 4-313　门窗格心雕刻

图 4-314　门厅檐下的木雕博古牛腿

第三十五节 华堂王氏宗祠（嵊州）

一、沿革概况

王氏宗祠位于浙江省嵊州市金庭镇华堂村。华堂村四周群山环绕，南倚卧貌山，北对石鼓山，西崎盘龙山，东临平溪江，空间形态呈背山依水、山环水抱之势，体现出传统聚落择地筑基的理想环境格局。华堂王氏宗祠为王羲之后裔的宗祠。

王氏宗祠保存完整，由大祠堂和新祠堂两座祠堂组成。据《金庭王氏族谱》载，大祠堂祭祀对象是王羲之三十六世孙王琼（石氏太婆）夫妇，建于明正德七年（1512 年）。王琼天性纯孝，代父充军，病卒他乡，石氏太婆年轻丧夫，矢志守节，受到王氏家族的尊敬，祠内专立孝子殿，以示敬仰。大祠堂后经历数次维修，仍然保持明构的主体，门楼和小石桥也是明代遗物，孝子殿、后厅及侧屋系清道光年间重建。

大祠堂坐西朝东偏南 18°，共三进，堪称华堂村最精美的古建筑之一，是书圣王羲之后裔祭祖的圣地，迄今已有 500 余年的历史。其内依次为牌坊（门楼）、石桥、孝子殿、七开间硬山顶后大殿。第一进为牌坊门楼，屋脊翘角，单檐歇山顶，石木结构，四柱三间，眉枋上镌"慈节"两字，边刻"正德七年（1512）嵊县知县林诚通题"，梁拱为木构件，牌坊内有池名瑞莲，上设三孔石桥，池原呈凹字形，池中种植莲花，因莲生瑞气，故称其"瑞莲池"，又称里双塘（与里双塘相对的还有位于版楼前的外双塘，里、外双塘仅一墙之隔），三面环绕孝子殿。第二进为孝子殿，单檐歇山顶，三开间，三面临水，檐廊原设栏杆，上挂"书道千秋"的匾额。第三进为大殿，大殿前为宽敞的天井，两侧厢房围合，雕刻精美，里面供奉着王羲之像和王氏祖先的灵位。整个祠堂，祠前筑塘，祠内设池，池上架桥，楼池相映，古朴典雅，在宗祠建筑中独树一帜。南面有一古戏台，坐北朝南，单檐歇山顶，平面呈正方形，四角柱顶架设横桁，桁下柱间穿插雕花月梁，台内顶设天花板，上绘人物、花草、竹石图案，正中置网形藻井。

大祠堂以巧然自得的方式吸纳了园林建筑元素，开创了与众不同的礼制建筑法式。它的最大特点是在体现传统建筑方式的同时，营造出园林建筑风格特点，传统历史文化与园林艺术交融共存。其后半部分完全按照宗祠建筑法式营造，四合式，硬山顶大殿，前设天井，两侧为厢房。后大殿面阔七间，通面阔 22.25 米，通进深 9.09 米，明间、次间梁架为抬梁式，五架抬梁前单步后带双步，八凛用四柱。南北梢间与尽间梁架为穿斗式，分心前后双步后带双步，八凛用五柱，两山墙设五山屏风墙。其室内纵深方向后槽设神龛，明间单独供奉始祖王羲之坐像。后进院落显得庄严肃穆，体现出传统建筑的一面。将建筑主体置于水体中间，并设计美人靠。孝子殿三面临水，似漂浮在水面一般，凌空出世，将建筑与水体完美结合。

外双塘的左侧是新祠堂，清中期建筑，是王氏宗祠的一部分，四檐柱上的四大金刚的牛腿雕刻生动，轩廊雕刻精美，特别吸人眼球。现为"羲之家训馆"，正中挂着王羲之的画像，两侧是王献之和王操之的画像，王羲之像的两侧是王氏家训：上治下治，敬宗睦族；执事有恪，厥功有懋；敦厚退让，积善余庆。金庭王氏自王羲之至今已有五十九世，王氏家训是王氏子孙以言传身教的方式世代相传的。堂内挂满了古匾，正中挂的匾是"文章堂""曲江世系""启文堂"，还有"风同渭水""仰止风云""椿萱并茂"等不同朝代的匾额四五十块。

华堂古村文化底蕴深厚，保存古宅众多，大多是明清和民国的建筑，保存比较完好的有居所堂、善庆堂、凝远堂、新一清堂、武桂堂、听讯堂和周岩旧居等。

二、总体评价

华堂是王氏聚居地，王氏宗祠对研究王氏家族文化具有重要意义。王氏宗祠因独特的构图空间、优美的构筑形式而少了宗祠肃穆庄严之感、多了庭院园林之精巧活泼，这种建筑风格样式一直深深地影响着王氏子孙，使他们感受到园林式建筑带来的种种好处。

早在400多前年，王氏祖先就融园林建筑元素于祠宇中，将庭园式建筑模式用于祠堂建筑中，表现出了超常的设计理念，充分展现了高超的空间造型艺术。这对研究传统建筑特别是研究多元化古祠堂提供了不可多得的实物资料。

建筑地址：浙江省绍兴市嵊州市金庭镇华堂古村（图4-315～图4-324）。

图4-315　华堂王氏宗祠外观

图4-316　石桥和二进的孝子殿

图4-317　新祠堂内的木雕装饰

图4-318　后大殿内的檐下雕刻

图4-319　后大殿内的轩廊雕刻

图4-320　孝子殿内的梁架结构

图 4-321　新祠堂内的轩廊雕刻

图 4-322　新祠堂内的檐下雕刻

图 4-323　祠堂内不同时期的匾额

图 4-324　孝子殿内的屋檐翘角

第三十六节　上虞曹娥庙（绍兴）

一、沿革概况

曹娥庙位于上虞曹娥江西岸，始建于东汉，历经沧桑，几度兴废，屡次重建、扩建。今庙为1934年于原址重建，由东阳木雕名师吕加水建造，1936年竣工，坐西朝东，占地6 000余平方米，建筑面积达3 840平方米。主要建筑分布在三条纵横线上，北轴线为三开间，依次有石牌坊、饮酒亭、曹娥碑、双桧亭、墓前亭、曹娥墓；中轴线为五开间，依次有照墙、御碑亭、大山门、正殿、后殿；南轴线为三开间，依次有小山门、戏台、土谷祠、沈公祠、东岳殿、阎王殿。

正殿是人们瞻仰、纪念孝女曹娥的主要场所，处于全庙中心，通高18米，面宽21米，进深25米，顶作硬山式，明间、次间为抬梁式梁架，梢间山墙为穿斗式构筑。有46根合抱大柱支撑着硬山顶屋架，尤其值得一提的是在正殿中央的四根顶梁支柱，其用极为珍贵的楠木制成。暖阁位于正殿中央，玲珑剔透，富丽堂皇，有浩然之气。暖阁原指供贵妇、小姐使用，为防寒而从大屋分隔出来的小居。此暖阁通高6.5米，系三间六柱重檐歇山式建筑，屋面为黄色琉璃，上置"铁拐李""韩湘子"等八仙人物。两层26攒大小相次的斗拱，颜色深绿，金丝走边。明间檐柱蟠龙对峙，气势磅礴。顶部藻井浮雕龙凤各一，其余的梁、枋、隔扇栏板、牛腿、挂落等处均精雕细作，刻有渔樵耕读、动物、华卉等吉祥图案，通体施金彩。整座暖阁红、黄、绿三色相互烘托，交相辉映，玲珑剔透，富有美感。孝女曹娥端坐其中，庄重华贵，富丽堂皇，非一般庙宇可比。正殿现尚存35副楹联和9块匾额，蒋介石、于右任、刘春霖、马一浮、沙孟海等大师都留有墨迹，这些楹联匾额与曹娥庙的建筑、雕刻艺术相互烘托，对映成趣。

后殿又名曹府君祠、双亲殿，历史上是供奉孝女曹娥父母雕像之所。后殿的结构与正殿基本相似，只有22扇朱漆大门厚重严实，别具神韵。明间为三关六门，次间、梢间均作二关四门。门上部格心嵌框圆润工巧；下部中窗、裙板浮雕满布、细腻传神。特别是明间中窗花板，雕刻突破传统取材的俗套，另辟蹊径，引唐诗入画，反映了工匠扎实的技艺和深厚的文化素养。

双桧亭为旧时达官贵人在曹娥墓前举行祭祀仪式的厅堂，因落成后亭前植有两棵桧树而名。双桧亭平面呈正方形，面阔三间，明间宽4米，次间宽2.5米，进深9米，硬山式屋顶，抬梁式构筑。明间落地花罩上雕有"鼠偷葡萄"等缠枝花纹。迎门抱对为王震手迹，上悬"孝思维则"匾额，为林森旧题，任政补书。金柱阴刻于右任手写对联。前后檐柱牛腿分别圆雕徐渭、蔡邕、王羲之、李白四才子和貂蝉、杨玉环、王昭君、西施四美女。槛窗下沿镀金花板浮雕《封神榜》《三国演义》等传统戏剧片段。屏门刻《西厢记》《红楼梦》人物故事，屏门上方一白底黑字"双桧亭"大匾系熊希龄晚年亲书。

曹娥庙的建筑雕刻艺术非常有名，所有的石柱、木柱、轩、梁、枋、雀替、门窗、石板等无处不雕。正殿的雕刻最为集中。以质地分，有木雕、石雕、砖雕，以技法分，有圆雕、透雕、浮雕，雕刻技艺精湛。雕刻内容取材广泛，有寓意国泰民安的"马放南山""狮舞绣球""花好月圆""龙凤呈祥"；有讴歌田园生活情趣的"渔""樵""耕""读""琴""棋""书""画"；有反映神话传说的"八仙过海""牛郎织女"；有表现古代美女的"西施浣纱""昭君出塞""貂蝉拜月""贵妃醉酒"；还有根据古典名作《红楼梦》《水浒》《西游记》《封神榜》《三国演义》《忠岳传》等雕刻成的连本形象。有许多表现才子佳人的圆雕人物，或哀怨愁苦，美目盼兮；或气宇轩昂，壮志凌云兮；或手挥五弦，目送飞鸿兮；或烈颜万丈，势若奔马兮。栩栩如生，呼之欲出。

二、总体评价

曹娥庙为纪念东汉孝女曹娥而建的一座纪念性建筑，有近2 000年的文化积淀，艺术品位相当高，以雕刻、壁画、楹联、书法四绝饮誉海内外，被誉为"江南第一庙"。庙内现存一"曹娥碑"为"中国最早的字谜"。雕刻为民国时期之精华，特别是木雕更是能代表这一时期的最高水平，对研究民国木雕及东阳木雕提供实证。庙内的壁画以连环画的形式叙述了曹娥生前故事及死后传说，线条圆润流畅，构图简括，极具表现力，对研究民国绘画史极具价值。

庙内的楹联数量之多、作者层次之高，为其他庙宇所罕见。现存曹娥碑系宋代蔡卞所书，被誉为宋代行楷的典范，历经千年，乃镇庙之宝。

建筑地址：浙江省绍兴市上虞区曹娥江西岸孝女庙村（图4-325～图4-334）。

图4-325　碑廊轩廊木雕装饰

图4-326　正殿上方枋梁装饰（关公护嫂）

图4-327　檐下精美的雕刻

图4-328　檐下动物雕刻

图 4-329　曹娥庙轩廊木雕装饰

图 4-330　曹娥庙外景

图 4-331　轩廊木雕装饰局部（松鼠葡萄）

图 4-332　正殿檐下木雕装饰

图 4-333　庙内木雕装饰细节

图 4-334　双桧亭中的四大美女牛腿

第三十七节　绍兴舜王庙（绍兴）

一、沿革概况

舜王庙位于绍兴城东南王坛镇两溪村舜王山（又称乌龟山）之巅。据《嘉泰会稽志》记载，舜王庙始建于南朝时期，起初只有三间草房，后几经修葺，翻建成三间楼房。据庙内石碑记载："咸丰年间，监生孙显廷筹捐重建，精工绝伦，同治元年正殿、后殿寇毁，显廷集资重建"。今舜王庙为清代咸丰年间重建，不久正殿、后殿即毁，同治元年（1862 年）重修。

相传舜受禅于尧后，为避尧之子丹朱之乱隐于上虞，正位后曾与文武百官狩猎至双江溪一带憩息，至今还留下许多传说和遗迹。后人为纪念舜帝，称此山为舜王山，山前的江为小舜江，并筑庙祭祀，世代相传。

舜王庙主体建筑由山门、戏楼、大殿、后殿组成，两旁为东西看楼，后为配殿。东西看楼外侧有夹弄，其外依据地形各置楼屋六间，作为庙内辅助用房。从舜王山麓拾阶而上，此阶叫百步金阶，共有 108 级台阶，寓意圆满。山门外的檐柱牛腿上，尽是大小不过数寸却神态逼真的文武财神木雕，给人以碰面恭喜发财的好兆头。山门两旁梢间花窗用整块石板雕镂而成，石窗四周花格密布，右侧石窗中间一幅浮雕是四位老翁正在松树下展卷细视，笑容可掬，栩栩如生，山门外的梁柱上，尽是形象生动的木刻浮雕，这些珍贵的艺术品，大小不过数寸，却神态逼真。

石雕代表作当数大殿前檐的四根石质檐柱和两侧山墙上的大幅《西湖十景图》。中间两根石柱直径 60 厘米，深雕"云龙"，龙势跃动，昂首曳尾，形象生动，龙首雕琢于柱高三分之一处，龙身缠绕而升，其间云纹窈窕飘浮，尾首上下呼应，十分饱满。次间两根石柱浅刻"栖凤"，形态逼真，闲适自然，造型优美。龙凤图案酿成超世脱俗的情调，给大殿创造了一派宏伟壮观的气势。两侧山墙上镶嵌的两块巨幅《西湖十景图》，系青石浮雕，构图匀称合理，刀法流畅圆润，是不可多得的石雕艺术珍品。

庙内戏台紧依山门后檐而建，戏台台柱牛腿木雕有"和合二仙""刘海吊蟾""刘海戏钱"及龙、凤、狮、象等图案。戏台三面的木楣梁和两厢侧屋木门窗上雕刻着我国古典小说《封神演义》《三国演义》《西游记》《水浒传》中的一些人物，布局精当，构图巧妙，姿态各异，情趣益然。大殿柱木牛腿用民间流传中的"福、禄、寿、喜"四大吉祥物；后殿木牛腿则为象征春夏秋冬的"兰、竹、菊、梅"，并辅以人物形象。

整个建筑的木雕数戏台两侧看楼和配殿柱上的牛腿最为精致，以我国广泛流传的十二生肖为坐骑的人物，以及"渔、樵、耕、读"和"八仙"为题材，采用透雕法，以单体人物形象为主，体高 70 厘米左右，大多整体镂空雕琢，立体层次感强，饱满生动，富有人情味。梁架、柱枋、雀替等木件上则用浮雕深刻或贴花等雕刻手法镂凿装饰，以花鸟、蝙蝠、如意等为内容，刀法细腻，做工考究。

舜王庙的砖雕也十分精致，是绍兴境内这一时期的艺术佳作。舜王庙的砖雕采用质地坚细的水磨青砖，经平雕、浮雕、镂雕后，设置在门头、门面、门楣、屋脊及山墙马头之上，内容有文字、人物、花草、动物等，具有古朴、典雅、庄重的气质。后殿前檐山墙马头上有花鸟、禽兽及人物装饰的砖雕。舜王庙的砖雕以大殿山墙马头、边门及《西湖十景图》上方的多幅古典人物砖雕为最佳。2013 年 5 月，被国务院列入第七批全国重点文物保护单位。

二、总体评价

舜王庙是浙江省绍兴市著名的古建筑之一。舜王庙又名大舜庙，是越中三舜庙之一，它以殿宇宏伟、结构独异、雕刻精湛闻名于世，石雕、木雕、砖雕堪称"三绝"，从大门到后殿，从侧厢到戏台，一石、一木、一砖、一瓦，无不表现出清代建筑雕刻装饰技艺的精湛，犹如一座雕刻艺术博物馆，雕刻手法有浮雕、深雕、透雕、圆雕、贴花，内容为当地风土人情、民间习俗、历史典故和吉祥物等，寓意深刻，一直受到国内外建筑学家和艺术家的珍视，对研究民俗学、建筑科学及雕刻艺术都有重要价值。距绍兴市区约35公里，较为偏远；庙宇占地5 000余平方米，不算很大，不过里面的雕刻是非常值得去看的，看楼的檐下部件图案取材于十二生肖与渔樵耕读，而且是彩色木雕，无与伦比，布局紧凑合理，技艺精湛，是我国清代崇尚建筑精美繁复之风的典范。

建筑地点：绍兴市王坛镇两溪村（图4-335～图4-343）。

图4-335　大殿一角

图4-336　大殿盘龙、双凤石柱及西湖十景雕刻

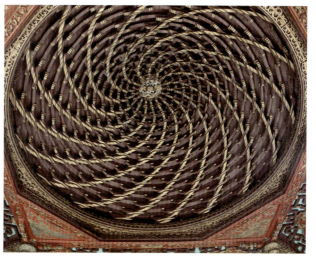

图4-337　舜王庙戏台藻井

图4-338　三国演义之死诸葛吓走生仲达典故枋梁

图4-339　三国演义千里送嫂图案枋梁

图 4-340 山门之檐梁木雕装饰

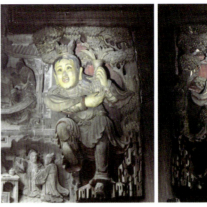

图 4-341 后殿象征春夏秋冬的"兰、竹、菊、梅"牛腿

图 4-342 大舜庙十二生肖牛腿

图 4-343 渔樵耕读建筑部件

第三十八节　沃洲山真君殿（新昌）

一、沿革概况

沃洲山真君殿旧称石真人庙，位于沃洲山之阳，前临明湖，为清光绪三十年重建。沃洲山是历史上的道教名山，是道教第十五福地，从东汉末年开始，道教活动就曾在此活跃。在历史积淀深厚的沃洲山文化背景下，在这福地灵山中，元、明之际崛起了一座在浙东颇有名气的道、儒、佛合揉的世俗庙宇——沃洲山真君殿，主殿崇奉真君大帝，据《沃洲山志》，真君大帝由宗泽神化而来。殿堂五十余楹，构筑精致，气度恢宏，是一座佛道合揉的庙宇建筑，为古建筑工艺之典范。近几年，对真君殿内的戏台、中殿等进行了修复，又建成六十甲子殿、财神殿、千佛殿、夫人殿、观音殿等。

真君殿建筑以中轴线布局，两翼以诗廊分隔和围合，形成完整的民间宗教活动区。功能明确，布局巧妙，不求对称而又追求均衡和稳重，注意协调统一而又富于变化。主体建筑头进为山门、戏台。山门三开间矮两楼，中悬"沃洲山"匾额，黑底金字，为书法家沈鹏所书。大门两旁有黑漆金联"凭虚天姥谪仙梦，记实沃洲白傅文"。山门正脊上做砖雕，正面是"天地神明境"，背面为"江南佳丽地"，出自东晋画家顾恺之和近代诗人郁达夫对新昌山水的赞语，切景切情。山门紧接戏台，戏台正对中殿。戏台歇山顶，石木结构，藻井为17层17组凤尾昂（变形斗拱），逐层收缩盘结至顶，顶饰团龙，层间装饰花板，这种藻井被称为鸡笼顶，戏台雕刻称之一绝，且外观均为贴金，富丽堂皇。

二进为中殿，亦称穿殿，与戏台构成一组功能性建筑，为旧时酬神演戏，看戏的场所，故殿前的石阶逐级升高，中殿前后通透，以增加观众容量。因原殿毁于火，而地下礎磐石尚存，现存殿室完全按旧时遗址的面宽、进深重建。中殿三开间，进深四间，前后卷棚廊，檐廊前伸加斗拱。梁架明间抬梁式，上下金檩之间为花篮式悬柱，两次间为穿斗式。石制檐柱，木制构架。檐柱耍头，牛腿及檐檩下方木雀替，皆为透雕图案，镌刻飞禽走兽、岳传故事以及战争场面等。金漆木雕，美轮美奂，工艺不逊大殿。中殿两侧为诗廊，连接中殿与大殿两厢。两侧诗廊上陈列有从晋代到当代的名家诗歌15首，而这些只是描写沃洲的众多山水诗歌当中的一部分。

三进为大殿，亦称正殿。硬山式，上筑风火山墙。面宽三间14.75米，通进深13.54米，梁架明间抬梁式，九檩4柱，内柱用五架抬梁带前后单步；两山面缝（即两次间）穿斗式，前后共用6柱带前后双步，无中柱。前廊卷棚顶。檐廊上方木构件雕饰十分精美，艺术价值极高。廊柱一排三间装饰花罩。明间一对石雕蟠龙檐柱，工艺可称上品，龙凤间隙雕雷公电母，梅兰竹菊，形象栩栩如生。蟠龙柱上上悬雕凤，下悬雕龙，从中透示出清光绪年间慈禧太后极重女权的历史信息，朝代特征十分明显。整座大殿的木雕、石雕、砖雕、彩绘、壁画、堆塑无不精美。壁画中有一幅"祢衡击鼓骂曹操"的故事，粉底勾墨简洁精致。大殿左侧为观音殿，五开间，是清同治时的建筑；右侧为太岁殿，即六十甲子殿，三开间，为清雍正时的建筑，木柱特粗。大殿与两侧配殿是真正意义上的文物，是真君殿建筑之魂。

真君殿建筑最后一进，以廊导入，为后殿，称夫人殿。殿宇七开间，中间三间塑夫人像，具暖阁，两侧厢房，殿前卵石天井，植红梅、桂花，环境清幽，后殿自成院落。夫人殿檐廊的装饰，品位不低，木雕构件基本上是从新昌城区的一些清代祠堂、台门民居中征集而来。

二、总体评价

沃洲山真君殿建筑，因地制宜，布局合理，古色门窗，造型庄重中显轻巧，色彩华贵中蕴朴实，使民间宗教文化与环境整合有机结合，建筑体量合宜得体，庭院大小开合有别，突出了传统民间宗教寺庙建筑的艺术特色。特别是古戏台、戏台石柱、金漆木雕，极具观赏效果和艺术价值，是新昌境内最好的戏台。真君殿历经沧桑，但大殿保存较为完好，整座大殿的木雕、砖雕、石雕艺术精湛，有地方特色。同时，大殿墙上还不少"封神榜""三国演义"等精湛的壁画，无不显现了民间艺人的才华。

建筑地址：浙江省绍兴市新昌县沃洲湖畔（图4-344～图4-352）。

图 4-344　真君殿外景 1

图 4-345　殿内戏台全景

图 4-346　真君殿建筑最后一进夫人殿

图 4-347　戏台的藻井

图 4-348　穿殿檐下金漆木雕

图 4-349　正殿檐下部位木雕装饰

图 4-350　木雕部件装饰局部

图4-351　正殿内木雕装饰局部

图4-352　正殿轩廊顶木雕装饰

第五章

明清上海建筑木雕装饰赏析

第一节　上海豫园（黄浦）

一、沿革概况

豫园原是明代的一座私人园林，始建于明代嘉靖、万历年间，占地三十余亩。该园的园主人四川布政使潘允端从 1559 年起，经过二十余年的苦心经营建成，由明代造园名家张南阳设计并亲自参与施工。"豫"有"平安""安泰"之意，取名"豫园"，有"豫悦老亲"的意思。明朝末年，豫园为张肇林所得。1760 年，当地富商士绅聚款购下豫园，重建楼台，增筑山石。因当时城隍庙东已有东园，即今内园，豫园地稍偏西，遂改名为西园。1842 年第一次鸦片战争爆发，很多建筑付之一炬。1860 年，太平军进军上海，掘石填池，面目全非。至新中国成立前夕，豫园亭台破旧，假山坍塌，池水干涸。1956 年起，豫园进行了大规模的修缮，1961 年 9 月对外开放。

豫园内有三穗堂、铁狮子、和煦堂、快楼、打唱台、点春堂、得月楼、玉玲珑、积玉水廊、听涛阁、涵碧楼、静观大厅、绮藻堂、古戏台等亭台楼阁以及假山、池塘等四十余处古代建筑。其中木雕装饰较为突出的建筑主要有以下几处。

打唱台，也叫"凤舞鸾吟"。戏台依山临水，台前的垂檐雕刻细腻，涂金染彩。戏台四面的石柱上分别有描绘春夏秋冬四季景色的对联。

点春堂，建于清道光初年，为五开间大厅，格扇上雕戏文人物，梁柱花纹造型奇特，饰以金箔。堂后有临池水阁，上有匾额曰"飞飞跃跃"。曾为福建籍花糖洋货商人在沪祀神议事之所，俗称"花糖公墅"。小刀会起义时，这里是起义军的城北指挥部，小刀会领袖之一太平天国统理政教招讨左元帅陈阿林在此办公，发布政令，称"点春堂公馆"。起义失败后，点春堂遭到严重破坏，清同治七年（1868 年）集资重修，历时四载完工。现堂中挂晚清画家任伯年的巨幅国画《观剑图》。

绮藻堂，又名"百寿楼"，名字取自"水波如绮，藻彩纷披"而名，堂檐下有 100 个不同字体的木雕"寿"字，称为"百寿图"，富有民族特色。堂前一天井，内有匾额，书"入境壶天"四字，左侧围墙上有清代"广寒宫"砖刻。

涵碧楼为二层建筑，全部木构材质为缅甸上品楠木。梁坊上雕刻了牡丹、梅花、百合、水仙、月季等 100 种花卉图案和 40 幅全本《西厢记》故事图案，故该楼又称"楠木雕花楼"。楼中陈列着清代精致华贵的 31 件楠木雕花厅堂家具，有戏文狮子纹长条桌、戏文松鼠葡萄纹落地镜、圆桌和束腰圆凳等。

古戏台位于内园之南，建于清末，原在闸北上海北钱业公所内，1974 年移建于此，经过修缮和增建，于 1988 年 9 月对外开放。该戏台坐南朝北，被誉为"江南第一古戏台"。戏台 7 米见方，左右两边有栏杆，台柱高约 2 米。台正面有狮子、凤凰、双龙戏珠、戏文人物等木雕图案，全部贴有金箔。戏台顶部的藻井呈穹隆状，上有 22 层圆圈和 20 道弧线相交，四周 28 只金鸟展翅欲飞，中心是一面圆形明镜。戏台后部有六扇木屏门，门上雕有山水、人物、花草图案。两侧石柱上镌有对联，上节："天增岁月人增寿，云想衣裳花想容"，为著名戏曲表演艺术家俞振飞先生的手迹。

与豫园毗邻的城隍庙始建于明代永乐年间，始建时规模尚小，经明清两代屡次扩建，面积也随之不断扩大，现存面积 1 000 余平方米。庙内主体建筑由庙前广场、大殿、元辰殿，财神殿、慈航殿、城隍殿、娘娘殿组成，雕刻精美。

二、总体评价

豫园景区集园林、宗教、建筑、商业、美食、民俗等诸种文化于一地，是古今传承、中外融合最为生动、最为精彩、最具海派文化魅力的景区。园林文化气息十分浓郁。当年豫园占地七十余亩，时人誉为"奇秀甲于东南"，由明代园林名家张南阳设计并施工，现全园楼台亭阁等48个景点分割成6个景区，对造园艺术方面的研究有很高的价值。建筑体式丰富，艺术手法精巧，是一处明、清、民国时期的住宅建筑的博物馆。园内的建筑都有一定的文化底蕴与历史年代，堂名都有出处，大部分建筑都是以木雕作为装饰。园内宋、元、明、清等时期的文物、古树名木众多，绿化布局合理，植物配置得当，有较高的历史价值。

建筑地址：上海市黄浦区的老城厢东北部安仁街218号（图5-1～图5-17）。

图 5-1　城隍庙的门楼

图 5-2　凤舞鸾吟打唱台

图 5-3　园内的玉玲珑

图 5-4　有楠木雕花楼之称的涵碧楼

图 5-5　打唱台明间额枋雕刻

图 5-6　福在眼前栏杆结子雕刻

图 5-7　城隍庙戏台腰檐枋雕刻

第二节　杜氏雕花楼（松江）

一、沿革概况

　　杜氏雕花楼位于上海松江区中山西路，是一组保存较完整的清式中型民宅院落，占地600余平方米，建于明朝旧宅基础之上，原房主为当地名绅杜岭梅。现存四进，前三进为走马楼，第一进、第二进为清代老楼，第三进建于民国时期，第四进为平房杂院，是松江民居中中西建筑装饰合一的典型代表。杜氏宅第三进（即雕花楼）是整座建筑的精华所在，其结构为砖墙立柱、穿斗式木构架，榫卯组合，圆木柱承重；屋顶为硬山式马头山墙，小青瓦白粉墙，色调素雅，是典型的江南水乡民间古宅。第三进与第四进之间除有天井、厢房外，还有一处过道口，第四进有后门直通屋后的田园，颇有雅意。当时建成后即作为当地名绅杜岭梅的女儿杜怡清的婚房。该楼豪华富丽，梁枋栏柱、门窗隔扇均雕有精细的中西图案花纹。

　　杜氏雕花楼的独特之处就在于其眼花缭乱的雕刻艺术，厅堂内雕梁画栋，槛窗、格扇均是用进口玻璃和蛤蜊镶嵌，栏杆、挂落、雀替、斗拱等装饰小构件均有花卉、云纹、人物、鸟兽等精美木刻浮雕、通雕，室内陈设的家具都饰以雕刻图案，床的雕刻更是精美绝伦，具有很高的文物欣赏价值。匠人们以简练的刀法雕刻出人物山水、草木屋舍，栩栩如生，形象逼真。梁檩上文官谦恭、武将威严、老翁飘逸、侍女娇婷。千姿百态的花卉、重重叠嶂的山水、郁郁葱葱的树木、错落深远的背景，特别是腰檐枋的一对木雕双龙抢珠，造型生动，堪称古代建筑艺术之精品。

　　在历史风貌保护区的建设过程中，杜氏雕花楼现被用作"松江非物质文化遗产传习基地"，是整个风貌区拆建过程中成功的典范，集中展示了有关古代松江的城市发展、文化成就、市井风情、先贤名士等方面的人文历史。布展设置以整体民居生活场景为主，划分为作品展览区、制作演示区、互动体验区、艺术欣赏区等，底楼为杜氏雕花楼介绍，松江皮影馆，余天成堂传统中药文化，松江古代戏曲历史、俞粟庐、俞振飞父子场馆等，后进为松江农耕历史及花篮马灯舞、竹编等场馆，二楼有顾绣发展史介绍场馆，场景为明代韩希孟书房、闺房、绣房和客房等，南面为松江古代蒙童馆和书道、茶道、剪纸实践区。现在的杜氏雕花楼以普及松江区非物质文化遗产知识、传承非物质文化遗产项目技艺为宗旨，通过展板、作品、实物、场景展示等形式，系统介绍松江区的顾绣、舞草龙、十锦细锣鼓三项国家级非物质文化遗产，皮影戏、花篮马灯舞、余天成堂传统中药文化、上海米糕制作技艺、新浜山歌等市级非物质文化遗产，以及滚灯、水族舞、民间山歌、江南丝竹等区级非物质文化遗产，并展览近200件明清家具，处处充满了浓郁的历史文化气息。

二、总体评价

　　杜氏雕花楼被民间誉为"松江最美的一座楼"，其建筑造型与雕刻艺术具有很高的艺术欣赏价值和研究价值，是松江地区绝无仅有的古代建筑雕刻精品。走进雕花楼，在阳光的照射下，房檐上的雕花泛着光泽，木构件和门窗隔扇均雕刻着中西式图案花纹。作为集中西建筑装饰于一体的传统走马楼，其风格体现了松江近代建筑对域外文化的吸收和融汇，在松江仓城历史文化风貌区的清末和民国建筑中具有独特的审美价值。杜氏雕花楼虽多年来"养在深闺人未识"，但终究是"天生丽质难自弃"。满怀寻古访幽兴味的游人进入这座大宅，徜徉在庭院楼廊中，往往感叹百闻不如一见。它的岁月是那样久远，雕刻是那样精美，自然历史悠久，其砖柱榫卯色调均是江南水乡民间古宅的典型体现。

　　建筑地址：上海市松江区中山西路266号（图5-9～图5-17）。

图 5-8　杜氏雕花楼外景

图 5-9　家具上雕刻与铜饰

图 5-10　雕花楼内的天井

图 5-11　简洁雅致的会客厅

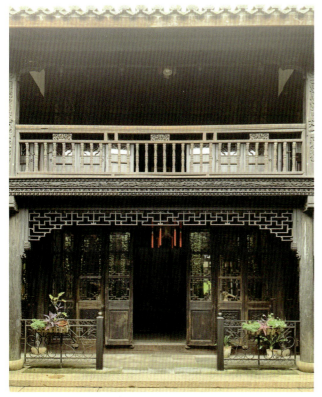

图 5-12　雕花楼主楼

图 5-13　门窗雕刻艺术

图 5-14　雕花楼千工床雕刻艺术

图 5-15　楼内轩廊顶装饰艺术

图 5-16　雕花楼千工床雕刻艺术（局部）

图 5-17　门窗裙板花卉纹雕刻

第三节　陈桂春故居（浦东）

一、沿革概况

陈桂春住宅又称"颍川小筑"，因陈姓的发祥地在颍川（今河南登封一带）而取名，位于陆家嘴中心绿地的南侧，是浦东新区地域内一幢富有中西建筑特色的上海近代优秀民居建筑。该建筑始建于1914年，建成于1917年，由当地绅商陈桂春建造。这座融东西方文化于一炉的中西庭院式民居住宅，还被当地人称为"绞圈房子"。

住宅墙上有一块介绍牌：1920年陈桂春会同上海滩名流虞洽卿、王一亭、朱葆三、朱福田等人发起募捐，在浦东陆家嘴地区建造了浦东最早的医院——浦东医院（1993年改名为东方医院）。陈桂春任首任院长。他在担任院长期间，对医院的经费也尽力资助。王一亭和杜月笙分别为第二、第三任院长。

颍川小筑总体呈长方形，坐北朝南，红墙翠瓦，住宅由天井、花园、主楼、客厅、厢房、备弄等部分组成。房屋为四进三院的中国传统民宅布局，两侧各有一条备弄，直通后天井。住宅正门朝南，进门是天井。正门楼上下均为五开间，两面为卧房，两侧为厢房。天井两旁置偏房，上层为过道，形成走马楼，天井上搭玻璃天棚。整幢围墙内原均设备弄，平时经备弄出入各进。备弄旁倚着围墙，筑有平房二十余间，乃仆人所住以及堆放零星工具杂物之用。正屋后有庭院、花圃、水井、厕所等。

全部房屋布局对称，除客厅外，大小房间共48间。大院房屋采用高低错落的西式三角形山花墙，配以中式青红砖木交互间砌的平房结构。围墙内每进房屋均是一字形五开间排列，其中楼上房间、卧室、书房、休息室采用中国传统式装修；而楼下餐厅、茶室、卫生间等的装修、设备均是西式的。前后厅堂画栋雕梁，各处落地长窗、槛窗、木门皆精雕细琢，除雕有花鸟、狮、鹿、骏马等动物外，梁、檩、枋上还镌刻着整套三国演义故事，享有"浦东雕花楼"之美誉。整幢建筑外墙立面则采用青砖、红砖相间砌筑；山墙立面、檐口线条处处呈现出西方色彩。法国固有的传统百合花、郁金香、玫瑰等花纹和中国古老的木刻工艺，在楠木等高级材料构成的屋梁墙架间到处可见。

宅内的老爷房是主人居住的、隐私性很强、一般不示外的内室。外间一般连着小起居室或书房。在传统民居中，主卧室即老爷房一般设在正房，不设在厢房等其他地方，房内床、橱、桌、椅等一并齐全。到了民国时期，西洋时钟、留声机、电风扇等也进入了卧室。有的主人喜好新潮，追求时尚，连家具也选样式新的。这也与整幢建筑风格中西和谐统一相吻合。

1991年浦东开发，因扩大陆家嘴路而拆除了大院门墙。1996年拆迁中，保留了这座民宅。2010年改为吴昌硕纪念馆。吴昌硕（1844—1927），浙江安吉人，近代"海派"最有影响力的画家之一，在书法、绘画、篆刻等方面表现出色，作品备受追捧。吴昌硕和陈桂春是老友，当时吴昌硕与王一亭经常在颍川小筑内切磋画艺，时称"海上双璧"。馆内现设有吴昌硕生平陈列室、大师画室和作品展示厅。

二、总体评价

在高楼林立的浦东陆家嘴矗立着一幢融东西方建筑风格于一体的两层砖楼民居。这是陆家嘴地区唯一保留的历史建筑，古朴典雅，却又与周遭环绕的林立新楼和谐共存，这就是陈桂春住宅。该住宅规模较大，布局规整，做法考究，很具代表性，反映了当时的居住生活模式，对于研究民国时期上海的民居具有很高的价值，同时也是当时设计建造工艺的代表。住宅的布局是中国式的，围墙用青砖红砖相间，三角形山墙，而线条则带西方色彩，还有多处西方古典式柱。楼上下房间中卧室、书房、休息室是中国式的，而餐厅、茶室、卫生间的装修、设备等则是西式的，亦中亦西特征较为突出。

建筑地址：上海市浦东新区陆家嘴路 160 号（图 5-18 ~ 图 5-27）。

图 5-18　中西结合故居外景

图 5-19　陈桂春故居鸟瞰

图 5-20　故居内的客厅

图 5-21　故居内的欧式门洞

图 5-22　故居内的门窗雕刻

图 5-23　木雕花罩与栏杆

图 5-24 门窗雕刻艺术

图 5-25 栏杆雕刻与平升三级花结

图 5-26 檐下部件雕刻

图 5-27 龙纹雕刻屏风

第四节　醉白池雕花厅（松江）

一、沿革概况

醉白池位于上海市松江区人民南路，松江古称华亭，明清时期人文荟萃，经济富庶。据传前身为宋代松江进士朱之纯的私家宅园——谷阳园。陆机、陆云说自己的家乡在谷水之阳陆机诗有"仿佛谷水阳"之句，朱之纯引用名人名句来命名宅园。晚明书画界领袖、官至礼部尚书的董其昌在此处建造"四面厅""疑航"等建筑，当时的文人墨客聚集于此，吟诗作赋。到了清顺治七年，著名画家顾大申购入明代园后重新修葺，利用松江江南水乡特点，以不规则对称等园艺手法建造池岸。主人建园之后，认为此园风景秀丽，即使是唐代诗仙白居易再世，也会着迷、陶醉于园中之景，因此取名为"醉白池"。也有一种说法，顾大申擅绘画、善诗文，非常仰慕白居易的才华，效法宋代宰相韩琦晚年在故乡河南安阳筑"醉白堂"的做法，取园名为"醉白池"。园内有池上草堂、四面厅、雕花厅、乐天轩等亭台楼阁景点。现为上海五大古典园林之一，同时也是五大园林中最古老的园林。

雕花厅是明代中期南安知府、书法家、松江名人张东海（张弼）的后裔建造的清代古建筑，现为区级文物保护单位，原位于西塔弄底松江内衣厂内。雕花厅的主人叫张祖南，为张弼十五世孙，松江士绅，民国时供职于《申报》，新中国成立后留用于《解放日报》。张宅原是三进、三庭、四厢，五开间七架梁的建筑，门厅和仪门朴实无华。1984年，雕花厅从西塔弄松江内衣厂内迁至醉白池，门厅和仪门留在原处，20世纪90年代门厅和仪门因建设被拆除。

现在的雕花厅由前后两进和东西两厢房组成，平面布局成四合院格局。整座建筑为三进二庭四厢房，是一座结构谨严的江南古典民宅。门厅梁枋上密布着百花及人物浮雕，十分稀有珍贵，前厅雕百花，后厅雕人物。雕花厅比苏州东山雕花楼早100多年，是江南地方雕花细腻、不可多得的一座古建筑。前厅和厢房为七架梁，梁架上雕刻着花卉纹饰。后面厅堂为九架梁，廊轩为一枝香式，翻轩为海棠式，建筑工艺十分精致。

前厅的窗棂、门楣、梁坊上雕的都是各种各样正在开放的花。厅内中间放置的大屏上有"百花齐放"四字，概括前厅雕花的内容。雕的花不重复，有神韵，细腻无比，栩栩如生。正像柱上的对联所说的"有情芍药含春泪，无力蔷卧晓枝"一样，将花的情态雕活了。后厅包括厢房在内，门窗上、门楣上都是一整套的三国人物故事浮雕图，每幅图反映三国中的一个故事，前后决不重复。从桃园结义开始，到司马懿统一中国为止，三国人物故事图大概有100多幅。

二、总体评价

醉白池的雕花厅是上海地区现存木雕较好的建筑。虽然雕花厅是从别处迁至醉白池内的，但现在的构架、布局和梁架上的雕刻基本上是原物拆迁后复原的，仍然具有很高的文物价值。前后二厅与东西两厢房的雕刻内容不同，楹联"厅窗雕像，厢窗雕像，雕成整套三国像；门楣镂花，梁枋镂花，镂出千姿百态花"，概括了雕花厅的内容和特点。从枋梁至门窗上雕刻的内容是《三国演义》从桃园结义至司马懿统一中原的故事，全套100余幅，人物形态逼真。文官谦恭，武官威武，老翁飘逸，仕女娉婷，让参观者产生"如见其人，如临其境"的真切感。刻有如此完整精致的《三国演义》故事的雕花厅在上海地区绝无仅有，在江南地区也属罕见。

建筑地址：上海市松江区人民南路64号（图5-28～图5-34）。

图 5-28　醉白池入口处景观

图 5-29　雕花厅入口

图 5-30　雕花厅庭园景色

图 5-31　门厅百花齐放屏风

图 5-32　前厅花鸟绦环板与裙板

图 5-33　后堂门窗雕刻

图 5-34　前厅花鸟门裙板

第五节 朱家角和心园（青浦）

沿革概况

和心园在朱家角古镇里面，朱家角镇位于上海市青浦区，是上海市四大历史文化名镇之一，有着丰富的旅游资源。古镇九条老街依水傍河，千余栋民宅临河而建，是上海市郊保存得最完整的明清建筑第一街。现有课植园、大清邮局、城隍庙、童天和药号、圆津禅院等20多个景点。

和心园位于镇西井街79号，是一处临河的私家园林。因为它不在朱家角古镇的联票里面，还要单独买一张门票才能进去，很多时候都会被忽略。和心园的名源自园内后花园的和心亭，此园本是朱家角一个大户人家的住宅，1949年收归国有后分配给当地居民居住，现园主花巨资动迁走这里原住户，2008年在原有老宅的基础上翻新改造，历时三年将园主20多年精心收藏的明、清两代古建、古玩巧妙融汇到其中，设计建成了这座独具一格、精巧细致的江南古典园林。园中四井三堂一花园，花、木、水、池、石点缀亭、台、楼、阁、榭，一步一景，小中见大。园内还收藏有《小长芦馆集贴》，为清代碑帖刻石原件，极属罕见。

和心园吸收了江南园林的精髓，博苏州园林精华之作。厅、堂全部为清代建筑拆建构件，建筑及家具的各种构件都精雕细刻。后花园的和心亭建于清嘉庆年间四川长江源头地区，据史记载，是百姓为纪念当地一位终生廉洁、为民造福的清官县令，自愿集资建筑，为表达官民和睦相亲，心心相印，取名"和心亭"。此亭建筑采用上下双层叠翠，左右二亭连体相接的独特造型，16龙头、垂柱和通体的特色花板雕刻精美绝伦。19世纪末，为建设长江三峡水库，才移迁于此。

进入厅堂里有很多引人注目的木雕作品，如入口处的清宫金丝楠木双木雕松鹤梅百鸟落地罩，源自北京亲王府宅；各厅堂陈设的红木家具、屏风、挂匾很多都是晚清木雕原件，其中就有张公艺百忍图、九世同居图木雕作品。厅堂内的格扇门的格心、绦环板、裙板等处都是精细无比的雕刻，一些门窗上镶嵌着法式的彩色玻璃，显得颇有异趣。

二、总体评价

和心园园主是一位美籍华人，同时也是一位成功的商人，有着保护与传承中国珍贵艺术精品的高贵精神，所收藏的作品价值不菲，而且市面上较少见到，东西太多，比较乱，不过每一样都十分有趣，十分值得玩味。这个根本没有被列入景点联票的私人景点似乎才真正吻合了朱家角古镇的特色：乱而有趣。到和心园参观的人不多，每一处都可以近距离观赏抚摸，像一座小小博物馆。漫步其中，不仅能看到亭台楼阁的秀丽精美，还能在每个房间、每个院落中发现宅院的主人从各地用心收集来的不同寻常的木雕精品，如清代的姊妹双亭、门窗上的木雕花纹图案、明清家具雕刻、名人手书的牌匾字画等，让观者大开眼界。

建筑地址：上海市青浦区朱家角古镇西井街79号（图5-35～图5-42）。

图 5-35　朱家角古镇景区

图 5-36　从四川长江源头地区移建于此的和心亭

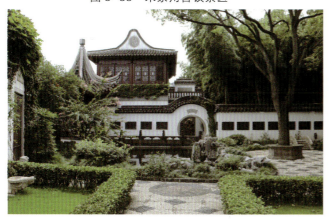

图 5-37　江南古典园林造景艺术

图 5-38　园内门窗木雕装饰

图 5-39　门口清宫金丝楠木双木雕松鹤梅百鸟落地罩

图 5-41　承裕堂的家具与陈设

图 5-40　滋德堂家具摆设（此堂全套物件源自上海杜月笙府宅）

图 5-42　九世同居与百忍堂木雕横屏

后记

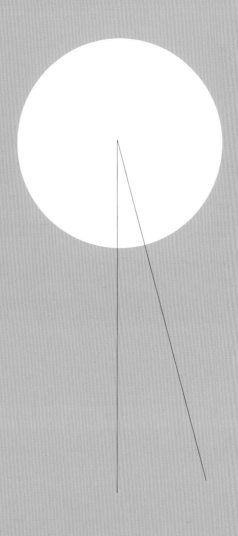

　　我从 2008 年起就与木雕文化理论研究结下不解之缘，一直致力于木雕文化、建筑装饰的研究与教学工作，经常惊叹建筑木雕的鬼斧神工，一直想整理一本寻找建筑木雕之美或建筑木雕之旅方面的科普书籍，想把散落在民间的木雕艺术展现出来，给木雕爱好者及木雕艺术研究者提供一些帮助。

　　自 2016 年主持教育部人文社会科学规划基金项目《明清江浙地区木雕装饰纹样研究》（项目批准号：16YJA760050）以来，我们就一直在江苏、浙江、上海建筑木雕调研的路上，大到国保单位，小到家族祠堂，有木雕饰雕的地方基本上都有我们的足迹，记录了大量的数字化资料。2019 年 12 月完成项目成果之一《明清江浙地区木雕装饰纹样》一书，由中国海洋大学出版社正式出版。鉴于前期的研究成果，在项目基础上我们继续完成该成果，于 2020 年 7 月，完成此书。该书的特点就是科普性大于学术性。

　　明清江浙地区包括浙江、江苏、上海全境。这一地域的木雕历史悠久，明清时期依附建筑而遗留下的木雕作品很多。这几年政府对传统文化高度重视，有关木雕文化、木雕理论的研究逐渐增多，基本上都是选择交通方便、修缮比较完善的一些建筑进行研究，对一些较为偏僻的原生态的建筑木雕研究较少。近十年来，我几乎所有的业余时间都花在木雕文化的研究上，驱车或步行，跑遍江浙地区的各个乡镇。现存明清古建筑的分布也有一定的规律性，越是偏远的山区，保存也越是完整，如松阳的西洋殿、义乌黄山八面厅等。在闹市区的古建筑，由于现代化城市的发展，破坏较为严重，如位于苏州市娄门内仓街北张家巷雕花楼，比东山雕花大楼早建 70 多年，整个楼厅雕有云彩、花卉及飞禽走兽。底层廊檐下，六根角撑上刻有成对的狮子头、蝙蝠及仙鹤含灵芝等凸雕装饰，图形十分纤巧秀丽，但雕刻残损相当严重，住户较多，很多建筑外立面已改变。每到一个地方看到很多的古建筑没有得到更多的保护，被破坏或逐渐消失，笔者都不由感到惋惜与心痛。

　　本书在成稿过程中有点小遗憾，一是由于著作的特殊性，对图片要求比较高，以往经常会为了一张图片可能会数次前往，为了一幢建筑的建筑年份可能会查遍方志家谱，为了去看一幢建筑，即使路程遥远，交通不便，人烟稀少，地理位置恶劣也会前往，而现在只能用以前所留的一些资料。二是在撰写过程中，江苏省内、上海境内还有几处建筑木雕较好的建筑没有实地走访与勘查，如苏州的山塘街雕花楼、太仓沙溪龚氏雕花厅、上海陈桂春故居等，这几处不放进去就像如鲠在喉，不吐不快，找苏州、上海的朋友帮忙收集了一些数字化资料，但也达不到自己想要的效果。山塘街雕花楼更是去了几次都是铁将军守门，没有办法进去，幸网上购得宫长义、祝虹主编的《山塘雕花楼　山塘历史街区许宅》一书，能顺利完成书稿。

　　在本成果的研究与撰稿的过程中，我得到了很多师友与同仁的帮助。在此，感谢浙江广厦建设职业技术大学顾旭明教授、吴璐璐副教授、张永玉副教授、吕国喜副教授，金华职业技术学院胡波老师的鼎力支持，他们为本书提供了很多建议并写了部分内容；感谢杭州古建筑爱好者张海猛、绍兴市建设局张向华在古建筑木雕调研中的一路陪伴；感谢同族兄弟张钢锋、昔日学生章灿在疫情防控期间为本书补拍部分照片；感谢家人一直以来的鼓励、关心与支持；感谢我的良师益友、艺术设计学院王晓平院长对我各方面的关怀、帮助与支持。

　　囿于学识水平，很多文字材料参考了网上或书上的资料，书中定有诸多不足之处，恳请读者批评指正。

2020 年 7 月 18 日于东阳